Novas Tecnologias e Dilemas Morais

Novas Tecnologias e Dilemas Morais

1ª Edição

Marcelo de Araujo

São Paulo
2019

Design da Capa: Raffael Alexander de Araujo
Imagem da Capa: iStock / StudioM1

Revisão: Tiaraju Andreazza
E-mail: livro.nt.e.dm@gmail.com

ISBN: 978-16-942609-3-2

Dados Internacionais de Catalogação na Publicação (CIP)
Agência Brasileira do ISBN - Bibliotecária Priscila Pena Machado CRB-7/6971

A663 Araujo, Marcelo de.
Novas tecnologias e dilemas morais / Marcelo de Araujo. — 1. ed. — São Paulo : KDP Amazon, 2019.
239 p. : il. ; 23 cm.

Inclui bibliografia.
ISBN 978-16-942609-3-2

1. Ética (Filosofia). 2. Problemas éticos. 3. Inteligência artificial. 4. Biotecnologia. I. Título.

CDD 170

KDP Amazon
Av. Juscelino Kubitschek, 2041, Torre E, 18° andar - São Paulo
CNPJ 15.436.940/0001-03

Sumário

Prefácio

Várias pessoas e instituições contribuíram, de modo direto ou indireto, para que eu pudesse escrever este livro. Como Pesquisador Bolsista de Produtividade do CNPq, eu tenho me dedicado, desde 2007, à pesquisa sobre temas relacionados à filosofia política, aos direitos humanos e, mais recentemente, à ética das novas tecnologias.

O meu apreço pelo CNPq é maior do que eu poderia exprimir aqui: foi com uma bolsa de IC (Iniciação Científica) do CNPq que eu dei meus primeiros passos na pesquisa em filosofia, no início da década de 1990, na Universidade Federal do Rio de Janeiro. A bolsa de mestrado do CNPq, mais tarde, me permitiu dar mais um passo rumo à profissionalização. E foi também com uma bolsa do CNPq que realizei meu doutorado na Alemanha; e novamente com o apoio do CNPq que eu pude retornar para o Brasil, em 2002, e me manter financeiramente até ser admitido no quadro dos professores permanentes da Universidade do Estado do Rio de Janeiro, em 2003. Que jovens pesquisadores não tenham a mesma sorte que eu, não por falta de talento, mas pela escassez de recursos para a ciência e tecnologia nos dias atuais, é algo que me entristece profundamente. A subsistência do CNPq é de vital importância não apenas para a formação de novas gerações de jovens pesquisadores e pesquisadoras, mas antes de mais nada para a criação e consolidação de políticas científicas e tecnológicas de interesse nacional.

Em 2013, a CAPES (Coordenação de Aperfeiçoamento de Pessoal de Nível Superior) me concedeu uma bolsa para pesquisar na Universidade de Oxford por um período de quatro meses. Eu agradeço a CAPES pelo apoio financeiro e a Julian Savulescu pelo convite para poder pesquisar em sua instituição temas ligados à ética do aprimoramento humano. Em 2014 e em 2018, eu recebi da Fundação Alexander-von-Humboldt uma bolsa de pesquisa por um período de três meses para pesquisar na Universidade de Konstanz – universidade na qual, aliás, eu me doutorei em 2002. Eu agradeço à Fundação Alexander-von-Humboldt pela bolsa e a Peter Stemmer pelo convite para continuar minha pesquisa sobre a ética do aprimoramento humano (em 2014) e iniciar uma nova pesquisa, sobre a ética da reprodução humana assistida (em 2018), no departamento de filosofia da Universidade de Konstanz.

Em 2014, a FAPERJ (Fundação Carlos Chagas Filho de Amparo à Pesquisa do Estado do Rio de Janeiro) proporcionou apoio financeiro para a constituição de uma cooperação acadêmica com a Universidade de Birmingham, no Reino Unido. Isso me permitiu apresentar, em duas ocasiões na Inglaterra, um *paper* sobre a ética da pesquisa em biotecnologia. Eu agradeço à FAPERJ pelo apoio e aos colegas que integraram a cooperação acadêmica na época: Fábio Schecaira (UFRJ), Noel Struchiner (PUC-Rio) e Veronica Rodriguez-Blanco (Universidade de Birmingham).

Desde 2017, eu tenho participado de um projeto internacional de pesquisa, financiado pela Comissão Europeia (Horizon 2020), chamado Projeto SIENNA. O objetivo do Projeto SIENNA é compreender melhor o impacto social que a genética, a inteligência artificial, e a busca por aprimoramento humano terá em países de diversas partes do mundo nas próximas décadas. O projeto, que envolve a participação de pesquisadores da Holanda (sede do projeto), Reino Unido, Suécia, Alemanha, Espanha, Polônia, Brasil, China, França, e África do Sul, é coordenado por Philip Brey (Universidade de Twente, Holanda). Os outros membros da equipe brasileira no Projeto SIENNA são Fábio Sheccaira (UFRJ) e Rachel Herdy (UFRJ).

Em junho de 2019, eu apresentei a minha pesquisa sobre a ética da reprodução humana assistida na Universidade de Graz, na Áustria. Agradeço a Lukas Meyer pelo convite e pelo empenho na consolidação de uma parceria acadêmica com a Universidade Federal do Rio de Janeiro, na qual, aliás, eu coordeno o EDnT – grupo de pesquisa sobre Ética, Direito e novas Tecnologias. No EDnT, eu pude conhecer e orientar ótimos estudantes nos últimos anos. Ao longo de 2019, eu tive a oportunidade de pesquisar na Alemanha, dessa vez sem bolsa de pesquisa, mas com o amparo institucional da Universidade de Konstanz. Agradeço – novamente, como em tantas outras ocasiões – a Peter Stemmer pelo apoio e pela oportunidade de discutir a minha pesquisa em seu grupo de trabalho. A Peter Stemmer eu agradeço, sobretudo, por ter me proporcionado a infraestrutura necessária para eu concluir este livro. Agradeço ainda a Waltraud Weigel por toda a assistência durante minhas temporadas de pesquisa na Universidade de Konstanz.

Eu tive a oportunidade de contar com comentários, críticas, sugestões e correções de diversos colegas e estudantes que se deram o trabalho de ler capítulos deste livro, ou mesmo o texto integral, em diferentes estágios de minha pesquisa. Eu agradeço especialmente a Dário Alves Teixeira (UNIRIO), Fernando Rodrigues (UFRJ), Fábio Shecaira (UFRJ), Darlei Dall'Agnol (UFSC), Cinara Nahra (UFRN), Maria Clara Dias (UFRJ), Marco Antonio de Azevedo (UNISINOS), Daniel Vasconcelos (UFG), Eduardo Magrani (ITS-Rio), Gilmar Nascimento (UERJ), Jonas Sluminsky (UERJ), Sérgio Pinheiro Oliveira (médico ginecologista), Clara Augusta d'Amaral Savelli (UERJ). Em 2016 eu tive a oportunidade de apresentar um *paper* sobre a ética do aprimoramento cognitivo no grupo de pesquisa de Nythamar de Oliveira (PUC-RS), a quem agradeço pelo convite. Em 2017 Darlei Dall'Agnol organizou um simpósio sobre ética aplicada e políticas públicas, do qual participaram Roger Crisp (Universidade de Oxford) e diversos pesquisadores brasileiros da área de ética e bioética. Agradeço a Darlei pelo convite e aos participantes pela discussão. Em 2016 e 2017 eu ofereci, em conjunto com Luiz Bernardo Leite Araujo (UERJ), duas disciplinas no Programa de Pós-Graduação em Filosofia (UERJ) nas quais discutimos alguns dos temas que abordo neste livro. Agradeço aos participantes do curso pela discussão na época e ao meu colega Luiz Bernardo, que leu, em agosto de 2019, a primeira versão deste livro e propôs algumas sugestões (prontamente aceitas) acerca da estrutura dos capítulos. Tiaraju Andreazza (IFSUL-RS) e Patricia Fachin (UNISINOS e Insituto Humanitas) também leram o texto integral e propuseram valiosas sugestões. Se houver algum mérito nas páginas a seguir, eu devo dividir o crédito com meus colegas e estudantes. Os erros são todos meus.

Konstanz, setembro de 2019

Introdução

Durante muito tempo, a divulgação científica foi compreendida como uma forma de esclarecer o público leigo acerca de ideias complexas. O objetivo era traduzir teorias científicas numa linguagem que qualquer pessoa pudesse entender. Que a divulgação científica tenha também esse papel, isso é claro. Ela é importante, inclusive, para que pesquisadores profissionais, de áreas diferentes, possam se informar sobre o estado da arte nos diversos âmbitos de investigação. No entanto, nos últimos anos, muitos trabalhos de divulgação científica passaram a ter como objetivo, não tanto a tarefa de esclarecer ou educar, mas a de engajar a sociedade nos debates que tradicionalmente envolviam apenas a participação de cientistas e legisladores. Muitos textos de divulgação científica, publicados nos últimos anos, buscam agora não apenas esclarecer, por exemplo, o que são algoritmos, como funcionam tecnologias para reprodução humana assistida, ou para que servem ferramentas de edição genômica. Esses textos visam também chamar atenção para as implicações dessas tecnologias para a vida em sociedade.

Essa compreensão acerca do que devemos esperar de um texto de divulgação científica tem um significado especial para leitores em países como o Brasil. O desenvolvimento científico-tecnológico no Brasil, em algumas áreas específicas, ainda é bastante incipiente, pelo menos se comparado ao estágio de desenvolvimento em outros países. Por essa razão, a população, de modo geral, poderia facilmente associar os avanços científicos e tecnológicos recentes às conquistas de países distantes, bem diferentes da sociedade brasileira. Uma boa parte da população, assim, poderia perceber o progresso científico e tecnológico como objeto de mera curiosidade, como uma questão que permaneceria alheia às suas preocupações cotidianas e que, no Brasil, diria respeito, no máximo, ao interesse de cientistas que trabalham em universidades ou centros de pesquisa.

No entanto, ao chamar atenção para as implicações éticas decorrentes do desenvolvimento científico e tecnológico, textos de divulgação científica podem despertar mais do que a simples curiosidade do leitor, mas também seu engajamento na discussão desses temas.

Ainda que no Brasil, em algumas áreas, não produzamos novas tecnologias, nós somos, ainda assim, afetados por elas. Novas tecnologias nos chegam como objetos de consumo sob a forma de computadores e telefones celulares que muitas vezes só deixamos de lado enquanto estamos dormindo, ou embaixo do chuveiro. Novas tecnologias controlam nossas operações bancárias e são capazes de traçar um perfil bastante acurado dos produtos que consumimos, dos lugares que visitamos, dos amigos que encontramos, dos livros que lemos – ou seja, das pessoas que somos. Novas tecnologias nos permitem pôr em prática concepções de família que não poderiam existir sem os avanços recentes em áreas como a genética e a biotecnologia. Daí a relevância da produção de um tipo de divulgação científica que não apenas busque traduzir em linguagem mais simples ideias complexas, mas que busque também esclarecer as implicações éticas decorrentes do avanço tecnológico.

Hoje em dia, nenhum pesquisador poderia ter a pretensão de escrever, sozinho, uma obra sobre todas as questões éticas relevantes em todas as áreas do desenvolvimento científico e tecnológico. Essa, portanto, não é a minha pretensão aqui. Meu objetivo é bem mais modesto e consiste em chamar atenção para algumas questões que, até bem pouco tempo, mais pareciam integrar o enredo para obras de ficção científica do que tópicos para uma discussão teórica mais séria. Neste livro, eu pretendo me concentrar em três áreas do desenvolvimento científico e tecnológico que vêm avançando a passos tão acelerados que nem sempre é possível termos uma ideia clara sobre o que já existe, sobre quais pesquisas estão em andamento, e quais são os problemas éticos mais importantes envolvidos. Essas áreas são: a inteligência artificial, a biotecnologia, e o aprimoramento humano.

A primeira parte desse livro (do capítulo 1 ao capítulo 5), trata de alguns aspectos da inteligência artificial. Com isso, refiro-me basicamente a programas de computador – ou algoritmos – que já começam a realizar tarefas que, até bem pouco tempo, somente seres humanos podiam realizar. Eu tenho em mente aqui a capacidade que algoritmos hoje em dia têm, por exemplo, para ler e analisar obras literárias, para escrever textos literários e acadêmicos, ou para propor hipóteses científicas passíveis de serem confirmadas ou refutadas por cientistas. É desnecessário enfatizar que essas são apenas algumas das possíveis aplicações do desenvolvimento na área de inteligência artificial. Mas se o leitor ou leitora obtiver clareza sobre pelo menos algumas dessas aplicações, e sobre alguns princípios gerais subjacentes ao funcionamento desses programas de computador, o leitor ou leitora poderá também pesquisar por conta própria o modo como a inteligência artificial vem sendo utilizada em outros âmbitos da vida moderna e vislumbrar, por si só, as implicações éticas de sua aplicação em áreas como, por exemplo, a medicina, ou no trabalho de advogados e juízes, ou nas investigações da polícia.

A segunda parte deste livro (capítulos 6, 7, e 8) trata de alguns aspectos dos desenvolvimentos recentes no âmbito da genética e da biotecnologia. Novamente, não é meu objetivo aqui ser exaustivo, mas específico e seletivo. Eu pretendo me concentrar inicialmente em algumas implicações decorrentes do uso de tecnologias para fins de reprodução humana assistida (capítulos 6 e 7). Essas tecnologias permitem, por exemplo, que as mulheres possam adiar a gravidez para poder se concentrar em suas próprias carreiras profissionais. Elas permitem também que pessoas do mesmo sexo possam gerar uma criança e constituir uma família. Por meio de novas tecnologias, já é possível também traçar um perfil sobre a saúde do nascituro apenas algumas semanas após a sua concepção – o que pode colocar futuros pais e mães diante de decisões bastante difíceis relativamente ao futuro da criança. Novas tecnologias para reprodução humana, assim, têm afetado a nossa compreensão acerca do que significa ser pai ou mãe, e têm contribuído para uma ampliação do próprio conceito de família. Nem sempre é claro, porém, quais são as implicações éticas (e também jurídicas) que tecnologias para fins de reprodução humana assistida envolvem. A proposta dos capítulos 6 e 7, então, é mais a de chamar atenção para essas implicações do que propor uma solução definitiva para todas as questões éticas relevantes nessa área.

Em seguida, no capítulo 8, eu examino o advento da "edição genômica" e algumas de suas implicações éticas mais prementes. A edição genômica não é nova, mas até bem pouco tempo ela era mais conhecida em termos de "engenharia genética". A expressão "edição genômica" (ou às vezes também "edição gênica") tornou-se mais comum agora. Mas por trás da escolha terminológica reside uma ideia importante, a saber: a suposição de que isso que nos torna humanos não é tanto a estrutura mecânica do nosso corpo, capaz de ser compreendida como uma obra de engenharia. O que nos torna humanos é a informação contida em nossos genes. São os nossos genes que exprimem as características distintivas de nossa espécie e fazem, por exemplo, com que tenhamos braços em lugar de asas, que tenhamos apenas pele e pelo onde outros animais têm penas. Como as informações contidas em nossos genes podem ser representadas por uma longuíssima sequência de letras (A, T, C e G), a tentativa de se modificar as informações codificadas em nossos genes passou a ser conhecida, então, como "edição genômica". Ferramentas para fins de edição genômica não são nenhuma novidade. Mas até pouco tempo atrás a edição genômica era um processo extremamente caro, complexo, e nem sempre preciso. Tudo isso mudou nos últimos anos graças ao surgimento de uma tecnologia chamada CRISPR (*Clustered Regularly Interspaced Short Palindromic Repeats*, em inglês). As implicações éticas são tremendas. Se, por um lado, CRISPR pode se tornar o mais importante aliado na busca por tratamento e cura de uma série de doenças, CRISPR pode também, por outro lado, comprometer a saúde e bem-estar das gerações futuras e afetar radicalmente a compreensão que temos de nós próprios como seres humanos.

Na terceira parte deste livro (capítulos 9, 10, e 11), eu trato da questão do *aprimoramento humano*. Utilizo essa expressão como equivalente da expressão *human enhancement*, em inglês. "Aperfeiçoamento" ou "melhoramento humano" tornaram-se também traduções comuns na literatura filosófica de língua portuguesa. O sentido da palavra "aprimoramento" é bastante amplo e vago, quando a palavra é utilizada fora do contexto que terei em mente aqui. Utilizarei a palavra "aprimoramento" para me referir ao uso de novas tecnologias – mais especificamente tecnologias da área médica – para se melhorar ou aperfeiçoar algum tipo de capacidade humana. No capítulo 9, eu chamo inicialmente atenção para a constatação de que a busca por aperfeiçoamento humano é mais conhecida nos esportes. Atletas que não precisam de nenhum tratamento médico muitas vezes utilizam medicamentos na expectativa de superarem os limites de suas capacidades físicas normais. As implicações éticas desse tipo de prática nos esportes são bem conhecidas, pois as regras são claras. Ou seja: os órgãos que regulam o exercício de práticas esportivas a nível profissional podem divulgar uma lista dos medicamentos que são permitidos ou, conforme o caso, dos medicamentos que são proibidos nas competições. Mas não existem regras claras quando outros tipos de atividades humanas estão em questão. Refiro-me, por exemplo, ao uso de medicamento entre estudantes que desejam ter – assim como os atletas nos esportes – um desempenho melhor nos estudos. É possível que a edição genômica possa também um dia ser utilizada com vistas à geração de bebês com habilidades especiais – ou *designer babies* como às vezes se fala em inglês. Aqui, as implicações éticas da busca por aprimoramento humano são inúmeras, pois elas dizem respeito, por exemplo, à liberdade das pessoas que ainda não existem, e que não pediram para ser aprimoradas. Além disso, a busca por aprimoramento humano tem o potencial para agravar desigualdades sociais já existentes, ou para afetar a nossa compreensão acerca do que significa agir motivado por sentimentos morais. No entanto, ainda não há muita discussão no Brasil sobre as implicações éticas e sociais decorrentes da busca por aprimoramento humano.

Diferentemente de uma tendência na literatura filosófica contemporânea sobre a ética do aprimoramento humano, nos capítulos 10 e 11 eu trato desse tema através de uma perspectiva um pouco mais histórica. A ideia é mostrar como a busca por aprimoramento humano foi encarada em dois períodos diferentes do nosso passado. No capítulo 10, eu trato da busca por aprimoramento humano por meio de anfetaminas no contexto do Brasil das décadas de 1950 e 1960. Em seguida, eu comparo esse fenômeno a uma tendência crescente entre estudantes que fazem uso de medicamentos como Ritalina para fins de aprimoramento cognitivo, ou seja, para melhorar o rendimento no exercício de atividades intelectuais. Essa é uma questão que, até o momento, parece não ter merecido a atenção nem de historiadores nem de filósofos. Meu objetivo é suprir essa lacuna. No capítulo 11, eu trato da questão do aprimoramento humano tendo em vista a discussão sobre a criação de próteses no período compreendido entre a Primeira e a Segunda Guerra Mundial. Nessa época, mesmo no Brasil, já se falava do uso de tecnologias que tinham o potencial para fazer de pessoas saudáveis verdadeiros *super-homens* – é essa a expressão que aparece em uma reportagem sobre próteses em um jornal brasileiro de 1918. Até que ponto essa ideia era compatível com os desenvolvimentos científicos e tecnológicos da época, essa é uma das questões das quais me ocupo no capítulo 11. Ao optar por uma abordagem mais histórica, nos capítulos 10 e 11, meu objetivo foi desfazer a suposição de que a busca pelo aprimoramento humano por meio de novas tecnologias é uma questão meramente especulativa, uma questão que deveria figurar mais em livros de ficção científica do que em textos teóricos. Essa suposição, a meu ver, é fruto de um equívoco. Ela não está alinhada com as pesquisas que vêm sendo feitas nessa área e está em descompasso também com algumas práticas que ocorreram em nosso passado recente. Muitas vezes, para compreendermos melhor o presente, e refletirmos sobre o futuro, temos de olhar também para o nosso passado.

Os capítulos 12, 13, e 14 são textos de três longas entrevistas em que eu fui convidado a falar sobre novas tecnologias e dilemas morais. Eu gostaria de agradecer a Patrícia Fachin e Ricardo Machado, jornalistas do Instituto Humanitas Unisinos, não apenas pelo convite para as entrevistas, mas também pela qualidade das perguntas propostas na época. Conforme eu tentava responder as perguntas, eu me via obrigado a refletir melhor sobre alguns temas sobre os quais, até aquele momento, eu ainda não havia escrito ou publicado.

Alguns capítulos deste livro foram inicialmente publicados sob a forma de artigos na imprensa ou em revistas acadêmicas. Uma versão bastante preliminar do capítulo 10 foi inicialmente publicada online em coautoria com Patrícia Fachin, em 2015, sob a forma de reportagem. Mas todos os artigos foram integralmente revisados, atualizados e reescritos, alguns a ponto de terem pouca semelhança com a publicação original. Os capítulos 7, 8 e 9 foram especialmente redigidos para integrar este livro. Nos créditos, ao final do livro, eu apresento informações mais detalhadas sobre as versões anteriores.

Cada capítulo termina com uma "sugestão de audiovisual e leitura". A lista de sugestões poderia ser bastante extensa, mas eu preferi me limitar a poucos livros, e mesmo assim apenas a títulos publicados em português. Na lista de sugestões eu me permiti incluir também obras de ficção e até mesmo títulos de filmes e documentários. A investigação moral é também um exercício de imaginação. Por isso, a meu ver, não há nenhuma razão para restringirmos a reflexão sobre as implicações éticas decorrentes da difusão de novas tecnologias à discussão dos problemas que aparecem apenas em textos acadêmicos e tratados filosóficos.

As notas ao longo dos capítulos não têm como objetivo mostrar a erudição do autor (coisa que ele não tem), mas sim permitir que o leitor ou leitora possa aprofundar por conta própria a compreensão dos tópicos abordados. Uma boa parte das fontes mencionadas nas notas pode ser facilmente localizada online. Mas eu preferi não indicar os links, pois muitas vezes eles são alterados em pouco tempo, ainda que o texto a que eu me refiro continue disponível em algum outro site, ou no mesmo site, mas com outro endereço de URL. Uma pesquisa rápida no Google permitirá ao leitor ou leitora encontrar o material mencionado nas referências.

Este livro não espera do leitor ou leitora nenhum conhecimento prévio de programação, de genética, de neurociências ou de áreas da investigação científica que são mencionadas ao longo dos capítulos. A minha própria área de formação é a filosofia, com especialização em ética e filosofia política. (O curso de engenharia, para a tristeza do meu irmão, ficou pela metade muitos anos atrás). Ainda assim, eu espero que este livro possa constituir uma leitura proveitosa não apenas para estudantes e pesquisadores das ciências humanas e ciências sociais, mas também para estudantes, pesquisadores e profissionais de outras áreas (inclusive a engenharia). Algumas das questões morais mais urgentes de nosso tempo têm sido colocadas por cientistas – ou em decorrência de suas pesquisas. Nos últimos anos, é possível perceber, inclusive, que muitas vezes são os próprios cientistas que tomam a iniciativa para a instauração de fóruns globais com o propósito de debater as implicações éticas da inteligência artificial, da genética e da biotecnologia. A leitura de clássicos da filosofia moral é relevante para participarmos desses debates. Gigantes como, por exemplo, Aristóteles, John Locke, David Hume, Immanuel Kant, Jeremy Bentham e John Stuart Mill (para mencionar apenas alguns) proporcionaram contribuições sem precedentes para a nossa compreensão da ética e para a reflexão sobre os fundamentos da moralidade. Mas este livro não pressupõe que o leitor ou leitora tenha lido as obras desses filósofos. A ideia, pelo contrário, é que o leitor ou leitora se sinta estimulado a buscar na leitura dos clássicos da filosofia moral o aprofundamento de algumas discussões que, neste livro, serão apenas mencionadas. Por outro lado, seria talvez ingenuidade acreditar que poderíamos encontrar em clássicos do pensamento moral alguma resposta pronta e acabada para as questões éticas suscitadas pela emergência de novas tecnologias. A formulação dos problemas nessa área, e a busca por respostas, é agora uma tarefa comum, que perpassa vários âmbitos de investigação. Essa é uma tarefa importante demais para estar circunscrita à metodologia deste ou daquele domínio particular de conhecimento.

PARTE I
Inteligência Artificial

1

Inteligência artificial e o Teste de Turing

O livro *Androides sonham com carneiros elétricos?*, de Philip K. Dick, completou cinquenta anos em 2018. A obra ficou mais conhecida pela adaptação para o cinema como *Blade Runner*, em 1982. *ELIZA*, de Joseph Weizenbaum, completou cinquenta anos na mesma época também. Pouca gente ainda se lembra: *ELIZA* foi o primeiro programa de computador capaz de manter uma conversa com seres humanos. Mas o que essas duas obras podem ter em comum além da idade? *Androides* é uma obra de ficção sobre robôs. *ELIZA* é um robô inspirado numa obra de ficção. As duas obras levantam questões importantes sobre nossa relação com as máquinas. Tanto uma como a outra nos levam a especular se não poderíamos criar um dia máquinas que possam realmente pensar – ou que pelo menos sejam capazes de passar no famoso "Teste de Turing".

O Teste de Turing foi proposto pelo filósofo e matemático inglês Alan Turing em um artigo de 1950. Turing, porém, não utiliza o próprio nome para se referir ao teste.[1] A expressão que ele utiliza no artigo é "jogo da imitação". A pergunta que Turing se coloca, logo no início do artigo, é se "máquinas podem pensar". A primeira dificuldade que a pergunta envolve é sabermos com precisão o que significa *pensar*. Para dizermos que alguma coisa pensa é preciso que ela tenha consciência, que ela tenha sentimentos, que ela tenha uma espécie de vida mental? Cada pessoa pode estar inteiramente certa de que ela mesma tem consciência. Mas como eu posso saber, com absoluta certeza, se outras coisas além de mim também pensam, se elas também têm uma vida mental como a minha? Eu não posso ver ou sentir diretamente os pensamentos de outras pessoas. Eu não vejo ou sinto a consciência delas. Tudo que eu posso fazer é observar se outras pessoas se comportam como se tivessem uma vida mental como a minha. Diante dessa dificuldade, Turing sugere então uma reformulação do problema, e um método de solução. Ao invés de se perguntar se máquinas pensam, a questão passa a ser se máquinas são capazes de "imitar" de modo convincente o comportamento de seres humanos naquelas situações em que as pessoas conversam. É geralmente nessas situações que elas dão uma indicação pública de que estão pensando. Turing propõe então como método – para sabermos se máquinas pensam – o "jogo da imitação".

Uma pessoa, o "interrogador", deve conversar com o outro jogador e se decidir, ao final de cinco minutos, se o outro jogador é uma pessoa de verdade ou um programa de computador. Os dois jogadores devem estar em locais separados, e a conversa entre eles deve ocorrer por escrito.[2] Turing chega mesmo a propor que, em circunstâncias ideais, os jogadores deveriam utilizar um "teletipo" (uma espécie de telégrafo) para realizar a conversa. Não deve ter ocorrido a Turing, na época em que escreveu o artigo, que e-mails, SMS, WhatsApp, e o chat do Facebook se tornariam um dia o método predominante de conversação entre as pessoas. O jogo da imitação é, de certa forma, a condição humana agora.

Se a máquina conseguir manter uma conversa por escrito com o interrogador, sem que o interrogador possa determinar se está conversando com uma pessoa ou uma máquina, então a máquina passa no Teste de Turing – ela vence no "jogo da imitação". Veja que agora é irrelevante a pergunta sobre se a máquina tem consciência ou não, se ela tem sentimentos ou não, se ela tem uma vida mental. Tudo o que importa é que a máquina seja capaz de "imitar" uma conversa por escrito, tal como fazemos quando usamos o WhatsApp para conversarmos com alguém. Turing sugeriu, na época em que publicou o artigo, que em menos de cinquenta anos computadores passariam no teste:

> Acredito que daqui a aproximadamente cinquenta anos será possível programarmos computadores [...] para fazê-los jogar o jogo da imitação tão bem que um interrogador mediano não terá mais do que setenta por cento de chance de identificar corretamente após cinco minutos de perguntas.[3]

Turing errou por pouco: foi só em junho de 2014, cerca de sessenta anos após a publicação do artigo, que um programa de computador chamado Eugene Goostman se mostrou capaz de jogar – e também de vencer – o jogo da imitação.[4] Programas como Eugene Goostman são conhecidos como *chatbots*.[5] Quando são disponibilizados online para a realização de alguma tarefa, chatbots são também conhecidos como "assistentes virtuais".

O primeiro chatbot de sucesso foi *ELIZA*, criado por Weizenbaum em 1966. O nome é uma homenagem à personagem Eliza Doolittle, da peça *Pygmalion*, de Bernard Shaw. Na peça, Eliza é uma vendedora de flores que aos poucos aprende a falar inglês tão bem que as outras pessoas a tomam por uma *lady* da alta aristocracia. A ideia de Weizenbaum era que, assim como a Eliza da peça, a *ELIZA* escrita em linguagem de programação também poderia se exprimir de modo cada vez mais convincente. Para isso, tal como ocorre na peça, ela precisaria de um "professor", ou seja, de um programador que vai ampliando seu vocabulário e estoque de frases.[6] Mas hoje, graças a tecnologias como *machine learning*, programas como *ELIZA* se tornaram autodidatas.

Chatbots (ou assistentes virtuais) como Alexa, Cortana, e Siri agora aprendem e evoluem diretamente com o input do usuário.[7] Já existem também milhões de chatbots que se passam por pessoas de verdade nas redes sociais e até influenciam o resultado de eleições. Estima-se que entre 10% e 30% dos perfis no Twitter sejam de robôs, programados para seguir outras pessoas (políticos e celebridades, por exemplo) e emitir opiniões sobre elas – opiniões favoráveis ou desfavoráveis, conforme o interesse dos programadores que criam os robôs.[8] Alguns robôs, porém, não escondem sua identidade de robô. No Facebook, por exemplo, existem robôs como HaroldoBot, o Robô do Consumidor; LeopoldoBot, o Robô do Contribuinte; e ValentinaBot, a Robô do Trabalhador. Eles foram criados pela empresa Hurst, fundada por Arthur Farache, com objetivo de localizar usuários interessados em permitir que a empresa administre seus problemas jurídicos. Se a empresa ganhar a causa do usuário, ela fica com uma parte da indenização. Se ela perder, o usuário não paga nada.[9] Como esses robôs (aparentemente) estão oferecendo consultoria jurídica, a OAB (Ordem dos Advogados do Brasil) criou em julho de 2018 uma comissão interna com o objetivo de propor normas para a regulamentação de serviços oferecidos por "advogados de robôs". Até agosto de 2019, porém, nenhuma regra específica havia sido formulada.[10] Chatbots como Alexa, Cortana, Siri, HaroldoBot e tantos outros que atuam nas redes sociais representam um grande avanço, se comparados às gerações anteriores de chatbots. Mas todos eles são, de um modo ou de outro, descendentes de *ELIZA*.

Em função das limitações tecnológicas da época, *ELIZA* era bastante repetitiva e por isso nunca passou no Teste de Turing. No entanto, isso não foi suficiente para impedir que muitas pessoas levassem *ELIZA* a sério e contassem para ela detalhes de sua vida privada. No livro *O Poder do Computador e a Razão Humana*, de 1976, Weinzenbaum conta que, certo dia, a sua secretária, que evidentemente sabia que *ELIZA* era só um programa de computador, perguntou se ele não poderia por um momento deixar a sala em que trabalhavam para que ela pudesse conversar a sós com *ELIZA*. Weinzenbaum ficou preocupado: "Eu fiquei assustado ao ver o quão rapidamente e o quão profundamente as pessoas que conversavam com *ELIZA* se tornavam emocionalmente envolvidas com o computador."[11]

Quando Eugene Goostman passou no Teste de Turing poucas pessoas se deram conta de que o chatbot vencedor não era só um programa. Eugene Goostman, assim como *ELIZA*, era antes de qualquer coisa um personagem, uma obra de ficção escrita em linguagem de programação. Um chatbot convincente deve ter personalidade, ele ou ela deve ter crenças, dúvidas, desejos. Do diálogo com um chatbot devemos ser capazes de estimar a sua idade, seu nível de instrução, se é homem ou mulher. É claro que em cinco minutos de conversa não podemos saber tudo sobre nosso interlocutor virtual. Mas isso também não é muito diferente quando lemos um conto ou romance.

É preciso ler as primeiras páginas de uma obra literária para formarmos aos poucos uma imagem de quem são seus personagens. Se o texto for bem escrito, e os personagens convincentes, continuaremos então a leitura. Chatbots convincentes, da mesma forma que personagens de um conto ou romance, devem ser capazes de nos engajar numa conversa e de criar em nós a ilusão de que são alguém de verdade, mesmo que nós já saibamos de antemão que a "pessoa" em questão é apenas um personagem, uma obra de ficção. A secretária de Weinzenbaum sabia de antemão que *ELIZA* era só um programa. Mas não é isso que importa quando interagimos com personagens de filmes e de obras literárias – pessoas que não existem de verdade, mas que nem por isso deixam de nos fazer rir ou chorar quando acompanhamos sua trajetória no desenrolar da narrativa. Passar no Teste de Turing, por isso, a meu ver, não significa conseguir enganar o interlocutor. Nenhum romance é bom porque consegue enganar o leitor se passando por um relato verídico, mas por criar de modo elegante e criativo essa ilusão de verdade. Passar no Teste de Turing, para mim, significa ser capaz de criar essa espécie de ilusão consentida.

O sucesso de Eugene Goostman no Teste de Turing, portanto, não se deveu à inteligência de suas respostas, mas à capacidade de, durante cinco minutos, ter criado a ilusão – consciente ou não – de que ele era uma pessoa real: um menino de 13 anos, nascido na Ucrânia, dono de um porquinho da Índia.[12] Um chatbot convincente, assim como personagens de um romance, tem de manter uma narrativa consistente ao longo da conversa. Num texto de 2008, os criadores de Eugene Goostman chamam atenção para essa relação que há entre chatbots e obras literárias:

> Tenha em mente que ninguém gosta de conversar com gente chata. Mesmo que seu chatbot passe no teste dando um monte de repostas vagas e 'profundas', não fique surpreso se as pessoas enjoarem de conversar com a sua criatura por mais de dez minutos. Ao criar um chatbot, você não escreve um programa, você escreve um romance. Você imagina uma vida para seu personagem desde o início – a começar pela infância dele (ou dela) que vai até o momento presente, conferindo-lhe características pessoais únicas – opiniões, pensamentos, medos, manias. Se o seu chatbot se tornar popular e as pessoas se mostrarem dispostas a falar com ele por horas, dia após dia, talvez você devesse pensar em uma carreira de escritor, ao invés de ser um programador.[13]

Para os criadores de Eugene Goostman, portanto, uma pessoa não deveria desperdiçar seu talento literário criando chatbots ou assistentes virtuais. Melhor seria escrever um romance.

No futuro, acredito, as pessoas continuarão escrevendo contos e romances, e haverá com certeza também um público para ler essas obras. Mas a pergunta é se contos e romances não podem vir a ter o mesmo destino de sonetos, óperas, ou filmes mudos em preto e branco. Ainda admiramos a lírica de Camões e Bocage; os filmes de Chaplin e Eisenstein; ou novas encenações das óperas de Verdi, Wagner, ou Bizet. Mas sonetos, filmes mudos, e óperas já não são – há muito tempo – as mídias correntes para a expressão de novas ideias, para a discussão de temas prementes, para a crítica à cultura de nosso tempo. O romance e o conto são gêneros bastante recentes e não há nenhuma razão para rejeitarmos de antemão a suposição de que, no futuro, contos e romances passem a ser lidos com a mesma reverência que dispensamos hoje em dia a certas formas culturais do passado, mas sem que, ainda assim, nos sintamos motivados a abraçar essas formas antigas para a expressão de nossas próprias ideias.

Ainda haverá lugar para escritoras e escritores no futuro? Acredito que sim, mas eles terão de se reinventar e talvez criar novos veículos para a produção de ficção. A criação de chatbots – contra a sugestão proposta pelos criadores de Eugene Goostman – talvez seja uma opção. No futuro, quem sabe, gente como Philip K. Dick não estará mais publicando histórias de ficção científica, mas escrevendo as linhas do programa de androides de verdade.

Sugestão de audiovisual e leitura

Alex Garland (direção e roteiro). (2014). *Ex-machina* (filme). Estado Unidos: Universal Pictures (distribuição).

Leavitt, David. (2015). *O Homem que sabia demais: Alan Turing e a invenção do computador* (traduzido por Samuel Dirceu). Ribeirão Preto: Novo Conceito. (Originalmente publicado em 1976).

Weizenbaum, Joseph. (1992). *O poder do computador e a razão humana* (traduzido por M. G. Segurado). Lisboa: Edições 70. (Originalmente publicado em 1976).

* * *

2

Inteligência artificial na análise de textos literários

Aristóteles escreveu na antiguidade um texto conhecido como *Poética*, ainda hoje considerado um clássico da teoria literária. Na obra, Aristóteles trata de examinar a estrutura típica de grandes peças de teatro. Quais são os elementos constitutivos de uma boa tragédia? Qual é a estrutura típica de uma narrativa trágica bem-sucedida? A resposta que Aristóteles deu a essas perguntas continua exercendo influência sobre a estrutura narrativa de muitos romances e roteiros para o cinema. Não é por acaso, aliás, que a *Poética* se tornou leitura obrigatória entre roteiristas e é adotada em muitos cursos de escrita criativa.[1]

Aristóteles só foi capaz de identificar a estrutura narrativa típica de grandes obras dramatúrgicas porque ele conhecia praticamente todas as tragédias da antiguidade. No entanto, face à enorme quantidade de obras de ficção publicadas em nossos dias, ninguém mais pode ter a expectativa de ler um vasto conjunto de obras literárias na tentativa de identificar algumas estruturas narrativas comuns. Não seria então possível delegarmos a máquinas a tarefa de ler obras literárias em nosso lugar? Uma máquina não poderia talvez identificar os "arcos emocionais" comuns a diversas obras literárias com mais precisão do que qualquer ser humano? Na verdade, isso já vem ocorrendo.

Medindo arcos emocionais

Em 2016, Andrew Reagan e colegas publicaram um artigo intitulado "Os arcos emocionais das histórias são dominados por seis formas básicas".[2] Um algoritmo desenvolvido pelos pesquisadores, batizado de "Hedonometer", analisou 1.327 obras literárias, disponíveis no site do Projeto Gutenberg. Cada obra foi dividida em "janelas" ou segmentos de 10 mil palavras. Cada janela foi submetida então a uma "análise de sentimentos". A análise consiste na avaliação quantitativa dos sentimentos que as palavras, que ocorrem nas janelas, despertam no leitor. Palavras como, por exemplo, "assassino" e "roubo" tendem a provocar nos leitores uma reação negativa (uma atitude de reprovação), por oposição a palavras como "honestidade" ou "vitória".

O Hedonometer criou então um dicionário que contém as 10 mil palavras mais frequentes no conjunto das obras analisadas. A cada palavra do dicionário foi atribuído um valor que varia entre 1 e 9. Os valores foram atribuídos graças ao trabalho de milhares de pessoas especialmente recrutadas para essa tarefa. Palavras que têm uma conotação negativa receberam um valor baixo, por oposição às palavras que têm uma conotação positiva. O valor 5 (intermediário entre 1 e 9) indica que a palavra é emocionalmente neutra, não desperta nenhum sentimento especial no leitor. A palavra "carbono", por exemplo, é geralmente neutra; preposições, da mesma forma, também não despertam nenhum tipo de associação emocional no leitor. As três palavras que receberam a maior pontuação média foram, respectivamente, "riso", "felicidade", e "amor". As três últimas palavras no ranking foram "estupro", "suicídio", e "terrorista".[3]

A ocorrência dessas palavras, em cada segmento de 10 mil palavras, permite ao Hedonometer avaliar quantitativamente a carga emocional predominante em cada segmento da obra, e retraçar as flutuações emotivas ao longo da obra como um todo. São essas flutuações emotivas que Reagan e colegas denominam de "arco emocional" da narrativa.[4] A análise de sentimento realizada pelo Hedonometer consiste na representação gráfica das flutuações emotivas ao longo de cada obra analisada. Segundo Reagan e colegas, é possível detectar, no conjunto das 1.327 obras analisadas, seis tipos básicos de arcos emocionais (*figura 1*).

Uma história com final feliz, por exemplo, é marcada por um arco ascendente na parte final, diferentemente de narrativas com finais trágicos, que são marcadas por um arco emocional descendente. O artigo de Reagan e colegas, porém, não é o único trabalho recente que descreve o modo como algoritmos podem ser utilizados para ler grandes quantidades de textos literários com o objetivo de analisar certas estruturas comuns, inerentes a praticamente qualquer obra de ficção.

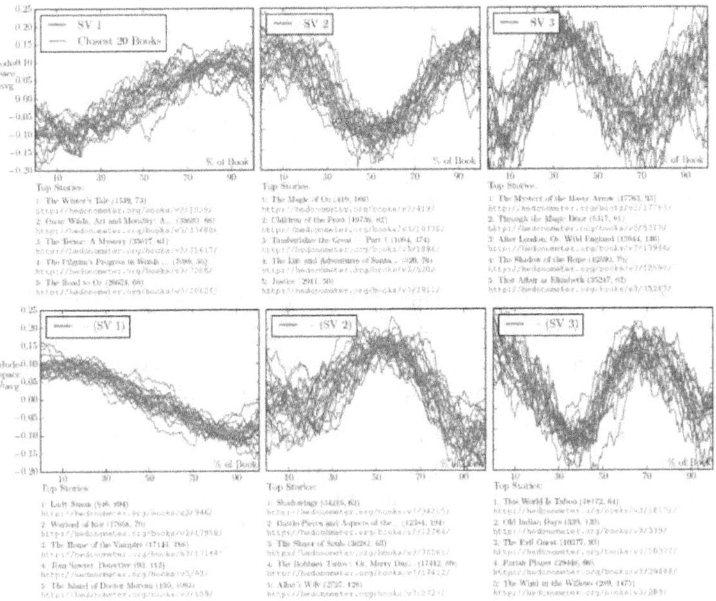

Figura 1: Os seis arcos emocionais mais comuns. © Andy Reagan e colegas. O autor agradece a Andy Reagan pela permissão para publicação da imagem.[5]

Detectando best-sellers

Em 2016, Jodie Archer e Matthew Jockers lançaram um livro chamado *O Segredo do Best-Seller*. A dupla desenvolveu um programa chamado "Bestseller-ometer" na expectativa de poder identificar potenciais best-sellers. O programa leu mais de 20 mil romances com o objetivo de identificar características típicas dos livros que entram para a lista dos mais vendidos do *New York Times*. A descrição técnica do programa aparece no último capítulo do livro de Archer e Jockers. Mas o que me interessa aqui não é examinar a descrição técnica do algoritmo, mas sim chamar atenção para algumas implicações que a difusão de programas como o Hedonometer e o Bestseller-ometer poderiam ter para o mercado editorial e para a nossa compreensão do conceito de "leitor".

O número de manuscritos que editoras e agências literárias recebem todos os dias costuma ultrapassar bastante a capacidade que seus funcionários têm para ler e avaliar todo esse material. Histórias de livros que se tornaram sucessos literários, mas que foram inicialmente rejeitados ou simplesmente ignorados por várias editoras, se tornaram famosas. Mas isso geralmente ocorre, não porque os autores rejeitados sejam gênios incompreendidos, mas porque os profissionais do mercado literário muitas vezes não conseguem dar conta do volume de leitura que recebem. Muitas editoras e agências literárias têm de contratar leitores externos, que decidem então quais manuscritos merecem ser avaliados para possível publicação.

Segundo Archer e Jockers, o Bestseller-ometer teria 80% de chance de detectar um manuscrito que tem o potencial para se tornar um autêntico bestseller. Se algoritmos desse tipo se tornarem correntes no mercado editorial, então, no futuro, os primeiros "leitores" de muitas obras de ficção não serão mais seres humanos, mas máquinas que, para todos os efeitos, estarão realizando o mesmo tipo de atividade que os leitores contratados por editoras e agências literárias realizam. Novos escritores, ávidos para publicar seu primeiro romance, talvez prefiram então buscar o aval de algoritmos ao invés de consultar escritores experientes ou críticos literários. É difícil prever de que modo isso poderia interferir no processo de criação literária de escritores e escritoras no futuro.

Por outro lado, é possível também que muitos romances, que têm o potencial para se tornar um sucesso literário, sejam rejeitados com menos frequência, pois haverá um novo "leitor", mais rápido e eficiente, atuando no mercado. Além disso, algoritmos como o Hedonometer e o Bestseller-ometer poderiam traçar um painel da produção literária de um dado país, em uma dada época, ou em uma língua específica, e encontrar aí tendências de que nem os escritores nem os profissionais do mercado editorial são inteiramente conscientes. Conhecer melhor essas tendências é importante, inclusive, para o próprio trabalho de escritores e escritoras – e não só por razões comerciais.

Considere, por exemplo, a pesquisa pioneira de Regina Dalcastagnè, da Universidade de Brasília. Dalcastagnè e sua equipe leram e analisaram centenas de romances brasileiros publicados em três períodos distintos: de 1965 a 1979, de 1990 a 2004, e de 2005 a 2014.[6] Os dados – para mencionar aqui apenas os do segundo período – são reveladores sobre quem são os personagens que habitam os romances publicados por autores brasileiros. A pesquisa analisou o perfil de 1.245 personagens que aparecem em 258 romances de escritores e escritoras brasileiros publicados entre 1990 e 2004, e constatou o seguinte:

- 79,8% são brancos
- 56,6% são da classe média
- 81% são heterossexuais
- 71,1% dos protagonistas são homens

Entre os personagens negros, 20,4% são bandidos e 12,2% são empregadas (ou empregados) domésticas. Além disso, a maior parte dos personagens vive no eixo Rio-São Paulo. É comum às vezes pensarmos que, no Brasil, a propaganda, as capas de revistas em bancas de jornal, as telenovelas e outros meios de representação da sociedade brasileira reproduzem e consolidam estereótipos acerca de pessoas negras, mulheres e homossexuais. Mas a literatura, nesse quesito, aparentemente não é muito diferente. Os protagonistas dos romances brasileiros são também os "protagonistas" da vida real – aqueles que tomam decisões nos tribunais, gerem empresas, ou criam leis. Numa entrevista sobre sua pesquisa, Dalcastagnè declara de modo bastante informal a sua opinião sobre a literatura brasileira contemporânea: "É tudo muito repetitivo, os enredos, as preocupações, as cidades; muito pouco variado, sem graça. Por que temos tão poucos protagonistas cabeleireiros, manicures, bancários, motoristas de ônibus?"[7]

Algoritmos como o Hedonometer e o Bestseller-ometer, evidentemente, não substituem o trabalho de pesquisadores como Dalcastagnè, mas eles podem se tornar importantes aliados nesse tipo de pesquisa. Afinal, a pesquisa de Dalcastagnè se limitou à análise de romances publicados por três grandes editoras no Brasil: a Record, a Companhia das Letras, e a Rocco. A produção literária publicada sob a forma de contos não foi levada em consideração. Ficaram também de fora da pesquisa romances policiais e livros de ficção científica.[8] Romances publicados por pequenas editoras, ou autopublicados em plataformas como as da Amazon e Wattpad, também foram desconsiderados. Mas não poderia estar surgindo hoje – graças em parte à emergência de novas tecnologias no mercado editorial – um novo perfil de personagem na ficção brasileira? Os recursos necessários para investigar essa questão, utilizando-se o mesmo tipo de metodologia empregue por Dalcastagnè, teriam de ser bem mais elevados; a pesquisa exigiria também, com certeza, a formação de uma equipe mais numerosa. A utilização de algoritmos para a análise estatística de um número bastante elevado de textos de ficção poderia auxiliar nesse tipo de tarefa. Um trabalho bastante ambicioso, dessa natureza, foi realizado em 2018 por uma equipe de pesquisadores nos Estados Unidos.

Ted Underwood e colegas utilizaram um algoritmo para ler 104.000 obras de ficção publicadas em inglês entre 1703 e 2009.[9] O algoritmo foi capaz de identificar o sexo dos personagens com base nos nomes atribuídos em 90% dos casos. Contra o que se poderia talvez esperar, o algoritmo constatou que o espaço dispensado à caracterização de personagens do sexo feminino – medido em número de palavras – não aumentou, mas diminuiu com o passar dos anos. A esse fenômeno os autores deram o nome de "masculinização da ficção". Foi apenas a partir da década de 1960 que se pode constatar um gradual (e discreto) aumento do espaço destinado à caracterização de personagens do sexo feminino. Para a identificação do sexo do personagem o algoritmo recorreu não apenas aos nomes próprios utilizados, mas também ao tipo de linguagem e ao vocabulário empregado ao se caracterizar os personagens. Aqui, a equipe constatou outro resultado interessante. Nos romances escritos no século XIX, esse método de identificação do sexo do personagem era confiável em 75% dos casos. Ou seja: a linguagem e o modo de caracterização do personagem variavam conforme o sexo do personagem, e isso permitia ao algoritmo determinar se o personagem em questão era do sexo feminino ou masculino. A utilização de palavras como, por exemplo, "coração", "lágrimas", "suspiros", e "sorriso" estavam mais associadas à caracterização de personagens do sexo feminino do que do sexo masculino. Mas a partir do século XXI esse método de identificação se tornou menos confiável: o algoritmo, com base nesse método, acertou em apenas 65% dos casos. Os autores sugerem que isso ocorreu porque, com o tempo, a distinção entre a linguagem e o vocabulário tipicamente utilizados na caracterização de personagens masculinos ou femininos foi se diluindo.

A utilização de algoritmos nos departamentos de literatura deve provavelmente se tornar cada vez mais frequente daqui para a frente. Já existem, inclusive, diversas ferramentas especialmente desenvolvidas para pesquisadores e estudantes da área de literatura.[10] Esses novos métodos de pesquisa nos obrigam a repensar e ampliar o conceito de "leitor" no âmbito da produção literária contemporânea.

Lendo e aprendendo

Essa ampliação do conceito de "leitor", porém, tem implicações jurídicas também. Em setembro de 2016, pesquisadores da Google publicaram um artigo no qual descrevem o funcionamento de um algoritmo desenvolvido para gerar frases em linguagem natural.[11] O algoritmo leu mais de 11 mil obras de ficção para que as frases geradas pelo algoritmo fossem estilisticamente melhores do que as frases geradas por outros algoritmos, que também são capazes de gerar textos em linguagem natural.

Empresas como Google e Facebook vêm investindo bastante na criação de chatbots ou assistentes virtuais, capazes de responder a perguntas de usuários e de manter uma conversa coerente sob a forma de chats online. Programas desse tipo, na verdade, não são nenhuma novidade. Como vimos no capítulo anterior, Joseph Weizenbaum já tinha criado um programa desse tipo (*ELIZA*) na década de 1960. O problema, porém, é que programas como *ELIZA* contam com um estoque limitado de frases prontas, que são reutilizadas com alguns ajustes gramaticais conforme o input do interlocutor. Isso torna a interação com o programa monótona e pouco natural. Para evitar esse problema, a Google e outras empresas pretendem desenvolver agora assistentes virtuais inteligentes, capazes de gerar frases novas, que soem menos artificiais e que não sejam diretamente extraídas de um banco de frases prontas. Para isso, é necessário que o assistente virtual leia milhares de obras com o objetivo de identificar uma diversidade de padrões e estilos de conversação, mas sem repetir literalmente as frases que lê.

O artigo publicado pelos pesquisadores da Google, no entanto, gerou um problema jurídico. As obras de ficção lidas pelo algoritmo não estavam em domínio público. No momento em que essas obras foram disponibilizadas online, ninguém havia ainda considerado a possibilidade de que, entre os seus leitores, estariam também algoritmos, capazes de ler milhares de obras e de reutilizá-las para fins comerciais. Muitos escritores e escritoras se sentiram lesados ao saberem que suas obras haviam sido lidas por algoritmos, e não por seres humanos. Pela declaração que deram à imprensa após a divulgação do caso, é possível perceber que, para todos os efeitos, os autores e autoras dos textos veem os algoritmos como leitores, sujeitos às mesmas restrições jurídicas a que os leitores humanos estão também submetidos. Em uma reportagem do *The Guardian* sobre o ocorrido, alguns dos escritores e escritoras, cujas obras foram usadas na pesquisa da Google, deram declarações como essas:

> Talvez eu esteja pensando de modo antiquado, que o leitor lerá meu livro – nunca havia me ocorrido que uma máquina poderia ler o meu livro. [...]
> A pesquisa em questão usa esses romances para o exato propósito de seus autores – para serem lidos.[12]

O uso de algoritmos para a análise de obras de ficção não se limita à "leitura" de romances de maior apelo comercial. O uso se estende também à análise de clássicos da literatura. Pesquisadores poloneses desenvolveram em 2016 um algoritmo para analisar textos de autores como, por exemplo, James Joyce, Virginia Woolf, e Roberto Bolaño. Os pesquisadores constataram que muitos clássicos da literatura, diferentemente de best-sellers, têm uma estrutura fractal. Isso significa dizer que o tamanho das frases, contado em número de palavras, vai se alternando segundo padrões específicos. Esses padrões conferem à narrativa um ritmo próprio, uma cadência da qual os leitores (e talvez até mesmo os autores) nem sempre são inteiramente conscientes.[13]

No contexto da antiguidade, Aristóteles ainda estava em condição de conhecer praticamente todas as obras dramáticas relevantes e de examinar certas estruturas comuns a todas elas. Nos dias de hoje, porém, nenhum ser humano consegue ter, sozinho, essa visão de todo. A inteligência artificial, eu acredito, não substituirá o trabalho de críticos literários. Mas a inteligência artificial, ainda assim, pode muito bem se tornar uma ferramenta indispensável para a análise da estrutura narrativa de obras literárias no futuro.

Sugestão de leitura

Archer, Jodie; Jockers, Matthew L. (2017). *O segredo do best-seller* (traduzido por Regiane Winarski). Bauru: Astral. (Originalmente publicado em 2016).

Aristóteles. (2015). *Poética*. Edição bilíngue (grego-português) organizada por Paulo Pinheiro. São Paulo: Editora.

Dalcastagnè, Regina. (2012). *Literatura brasileira contemporânea: Um território contestado*. Rio de Janeiro: EdUERJ.

* * *

3

Inteligência artificial para a geração de textos jornalísticos e textos acadêmicos

Faz pouco mais de duas décadas que os computadores substituíram as velhas máquinas de escrever. Mas agora elas estão voltando, poupando-nos até mesmo do trabalho de escrever. Sofisticados programas de computador vêm sendo utilizados para gerar milhares de notícias, publicadas diariamente na imprensa. Mas os leitores nem percebem que por trás dos artigos não há uma pessoa de verdade, mas um "jornalista robô".[1] O jornal *The New York Times*, por exemplo, possui uma página na internet na qual desafia os leitores a descobrirem se os textos ali publicados foram escritos por uma máquina ou por um ser humano.[2] E não é só na imprensa que a produção de textos vem sendo delegada à inteligência artificial. Milhares de livros vendidos na livraria online da Amazon foram gerados por algoritmos. Já surgiram, inclusive, concursos literários em que o prêmio é destinado ao algoritmo capaz de gerar a melhor história. Em 2016, os organizadores do terceiro Prêmio Nikkei Hoshi Shinichi de Literatura, no Japão, anunciaram que entre os 1.450 romances inscritos, onze haviam sido escritos em "coautoria" com algoritmos. Um desses romances chegou às finais.[3]

A questão que temos de nos colocar, então, é se as novas máquinas de escrever poderiam também ser utilizadas, um dia, para gerar trabalhos acadêmicos como monografias, dissertações de mestrado, e teses de doutorado. O objetivo deste capítulo é chamar a atenção para a emergência de tecnologias para a geração automática de textos, e para o impacto que isso pode ter na vida acadêmica.

Narrative Science, Automated Insights, e Ken Schwencke

Entre as empresas pioneiras na criação de algoritmos para a geração de textos na imprensa, a Narrative Science e a Automated Insights se destacam. A Narrative Science, fundada em 2010, criou um algoritmo chamado Quill, capaz de transformar em textos de prosa simples e descomplicada as informações dispersas em um amontoado de planilhas, gráficos, e tabelas. A empresa Automated Insights, fundada em 2007, desenvolveu um algoritmo semelhante chamado Wordsmith. Quando Marvin Minsky faleceu, em janeiro de 2016, Wordsmith gerou um obituário posteriormente publicado na revista *Wired*. Seria talvez difícil de imaginar uma forma mais criativa de homenagem a um dos pioneiros na área da inteligência artificial.[4]

Os serviços da agência de notícias RADAR (Reporters and Data and Robots), com sede na Grã Bretanha, começaram a ser oferecidos comercialmente em 2018. A empresa conta com a assinatura de diversos sites da imprensa local, e declara já ter produzido mais de cem mil artigos, gerados automaticamente ou em coautoria com jornalistas robôs.[5] Kristian Hammond, um dos fundadores da Narrative Science, deu uma declaração em 2015 na qual sugere que, nos próximos anos, a maior parte dos textos publicados na imprensa será gerada por algoritmos, sem a intervenção direta de seres humanos. Hammond tem a expectativa, inclusive, de que, um dia, o prêmio Pulitzer de jornalismo possa ir para alguma reportagem gerada por um algoritmo.[6] A questão, no entanto, é sabermos a quem caberá o mérito do prêmio nesse caso: ao programa que gerou a história, ou ao programador que gerou o programa? Esse é um problema que afeta a própria ideia de "autoria" por trás dos textos criados por programas de computador. Essa questão, como veremos, tem também importantes implicações para o modo como atualmente compreendemos a autoria de textos acadêmicos.

Em maio de 2015, um terremoto de baixa intensidade atingiu Los Angeles, nos Estados Unidos. O primeiro jornal a publicar uma notícia online sobre o evento foi o *Los Angeles Times*, poucos minutos após o abalo. Como "autor" da postagem assinou um tal de Quakebot. Como se viu depois, Quakebot é, na verdade, um algoritmo criado pelo programador Ken Schwencke. Mas quem seria então, nesse caso, o verdadeiro "autor" da notícia sobre o terremoto: Quakebot ou Ken Schwencke? A reposta para essa questão, a meu ver, é menos simples do que parece.

O "autor" do algoritmo não pode ser exatamente o mesmo "autor" da notícia sobre o terremoto, publicada no jornal. Suponhamos que Schwencke tivesse morrido durante o terremoto. E suponhamos também, além disso, que Quakebot pudesse rastrear informações postadas nas redes sociais, ou compartilhadas pelas equipes de socorro, e encontrar o nome de Schwencke na lista das vítimas fatais. Quakebot poderia então escrever um artigo sobre o terremoto e mencionar o nome de Schwencke entre os mortos. Schwencke, no entanto, não poderia ser o "autor" de um texto que noticia a sua própria morte. O problema quanto à "autoria" de textos gerados por algoritmos é agravado devido ao surgimento de tecnologias como *machine learning*, que permitem ao algoritmo aprender com os próprios erros, e se autocorrigir sem a intervenção direta de um programador.[7] Quakebot poderia, por exemplo, detectar uma gradual diminuição no número de "curtidas" nos textos que gera e publica na imprensa. Em seguida, o Quakebot poderia tentar identificar estratégias para reconquistar seus leitores. Um robô como Quakebot poderia, em princípio, continuar gerando textos por vários anos após a morte de Schwencke, e num estilo bastante diferente daquele previsto pelo seu criador original. Isso torna ainda mais problemática a suposição ingênua de que poderíamos atribuir a Schwencke a "autoria" dos textos escritos por Quakebot.

Philip Parker: como escrever mais de dez mil livros

O problema sobre a atribuição de autoria nos textos gerados por algoritmos afeta também os milhares de livros gerados por Philip Parker, e vendidos nas livrarias da Amazon. Parker, evidentemente, não escreveu todos esses livros do mesmo modo que pesquisadores costumam escrever e publicar seus trabalhos. Parker criou um algoritmo que é capaz de reconstruir passo a passo todas as etapas que um pesquisador costuma seguir ao escrever um texto acadêmico. O que Parker fez, basicamente, foi transformar as instruções contidas num manual para a redação de trabalhos acadêmicos em linhas de um programa de computador. Mas como hoje em dia a maior parte das informações de que um pesquisador precisa para escrever um livro está disponível online, o algoritmo criado por Parker é capaz de gerar um livro sobre praticamente qualquer tema – basta estar conectado à internet. Numa entrevista concedida em 2013, Parker afirma estar interessado também em criar um algoritmo capaz de gerar teses de doutorado que apresentem conclusões originais:

> Uma das áreas em que estou trabalhando é sobre se podemos criar uma tese com nível de doutorado e que seja inteiramente automatizada – para pouparmos o trabalho de quatro anos de

> doutorado – e ao final termos ainda uma conclusão original. Se pudermos fazer isso de modo automatizado, nós aumentaríamos a velocidade da descoberta.[8]

Essa questão foi retomada em março de 2016 num artigo sobre Parker publicado no *Business Times*. A matéria tem como título: "Subvertendo até mesmo o mundo dos acadêmicos".[9] Segundo Parker, cientistas e pesquisadores profissionais são, de fato, responsáveis pela produção de conhecimento novo. Mas uma boa parte dos textos que eles escrevem consiste na sistematização do que já foi escrito e publicado por outros pesquisadores. Em muitos programas de pós-graduação, inclusive no Brasil, a "revisão da literatura" é considerada uma parte fundamental da pesquisa. A revisão da literatura aparece, às vezes, no início de artigos acadêmicos, ou em capítulos de dissertações de mestrado e teses de doutorado. A revisão da literatura constitui também uma parte fundamental de muitos livros textos e obras de referência, indispensáveis para a formação de novas gerações de pesquisadores. Segundo Parker, esse tipo de produção acadêmica poderia ser facilmente delegada a algoritmos, pois o que está aqui em questão não é a produção de uma nova ideia, mas a sistematização do que já foi escrito e publicado por outros autores. A emergência de tecnologias para a geração automatizada de trabalhos acadêmicos, segundo Parker, permitiria aos pesquisadores se concentrar nos *hard problems*, isto é, naquelas questões que não poderiam ser analisadas e resolvidas por programas de computador.

A questão é sabermos, porém, que repercussão a difusão desse tipo de tecnologia poderia ter, por exemplo, sobre a produção acadêmica dos novos pesquisadores, que precisam defender suas dissertações de mestrado ou teses de doutorado em prazos cada vez mais curtos, e depois publicar uma enorme quantidade de *papers* para garantirem seu ingresso na vida acadêmica. Algoritmos não poderiam ser usados, por exemplo, para gerar artigos e projetos de pesquisas sem que as agências de fomento ou os editores das revistas tenham qualquer controle sobre quem são os verdadeiros "autores" dos trabalhos?

Trabalhos acadêmicos gerados por algoritmos, a meu ver, não devem ser rotulados como plágio. Isso não significa dizer, evidentemente, que eles sejam eticamente aceitáveis em qualquer situação. A maior parte dos casos de plágio na academia diz respeito à transcrição literal de passagens de textos já publicados por outras pessoas, mas sem a devida identificação das fontes. A compilação de ideias disponíveis em outros textos, de modo geral, não é vista como uma forma de plágio. Na verdade, muitos trabalhos acadêmicos, produzidos hoje em dia no Brasil, são exatamente isso: compilações de ideias já publicadas em livros e artigos. Mas como os textos usados como fonte são geralmente mencionados em notas de rodapé, e listados na bibliografia, raramente encontramos razões para desqualificar esses trabalhos acadêmicos como "plágio". Por essa razão, é bastante provável que, nos próximos anos, estudantes se sintam encorajados a utilizar algoritmos que poderão ler para eles os textos necessários, por exemplo, para a redação de um capítulo do TCC (Trabalho de Conclusão de Curso) e, em seguida, gerar um resumo das ideias principais. O resumo gerado poderia ser utilizado, então, como uma parte do TCC. Um algoritmo desenvolvido pela empresa Salesforce é capaz de realizar esse tipo de tarefa. Numa demonstração realizada em 2017, o algoritmo foi capaz de ler um artigo do *New York Times* e de compilar uma lista coerente das ideias centrais.[10] É bem verdade que os textos lidos e discutidos em cursos universitários são geralmente mais complexos do que artigos publicados em jornais. Mas nada impede, a princípio, que essa tecnologia possa vir a ser utilizada, nos próximos anos, para produzir também uma compilação coerente de textos acadêmicos. A emergência desse tipo de tecnologia, a meu ver, nos obrigará a rever o modo como escrevemos e avaliamos trabalhos acadêmicos nas universidades.

Por outro lado, se deixarmos por um momento em aberto a pergunta sobre o mérito acadêmico do "autor" ou "autora" de um trabalho acadêmico gerado (em parte ou integralmente) por algum algoritmo, e considerarmos o problema sob o ponto de vista das pessoas e instituições que são beneficiadas pela difusão de conhecimento, que objeção poderíamos fazer à produção de textos gerados por algoritmos?

A quantidade de artigos que as revistas acadêmicas recebem todos os dias é bastante grande. Nem sempre é fácil localizar pesquisadores dispostos a realizar a tarefa de *peer review* – ou avaliação pelos pares. Esse é o processo por meio do qual um texto é avaliado – geralmente de modo anônimo e raramente remunerado – por especialistas da área, que emitem em seguida um parecer. O parecer permite aos editores da revista decidir se a contribuição merece ou não ser publicada. O processo de *peer review* pode durar meses. Durante esse período, o autor ou autora se compromete a não enviar seu artigo para outra revista. Não seria melhor então – para todas as partes envolvidas – delegar a máquinas a tarefa de ler os artigos e de fazer, se não uma avaliação definitiva, pelo menos uma avaliação preliminar para checar se a metodologia do trabalho é adequada e se a contribuição apresenta ideias originais?

A Elsevier, agência holandesa que detém direitos sobre mais de 2.500 revistas acadêmicas, começou a utilizar, em 2018, um algoritmo chamado StatReviewer, capaz de fazer uma avaliação preliminar de artigos submetidos para publicação. O relatório gerado pelo StatReviewer pode ser adaptado às normas de publicação de diferentes revistas acadêmicas, mas por enquanto ele ainda não substitui o trabalho de pareceristas humanos. Outro algoritmo que vem sendo utilizado para a geração de *peer review* é o UNSILO Evaluate, da empresa UNSILO. Esse algoritmo é usado, sobretudo, para a avaliação de artigos na área médica. Todo artigo acadêmico é precedido de um resumo (*abstract*, em inglês), seguido de uma lista de palavras-chave. Mas o UNSILO Evaluate produz seu próprio *abstract*, que permite ao editor da revista ter uma ideia mais precisa do conteúdo e da metodologia do trabalho. Diferentemente de outras ferramentas para detecção de plágio, o UNSILO Evaluate não checa apenas a ocorrência de frases idênticas em outros artigos. O algoritmo coteja as afirmações mais importantes do artigo com afirmações semelhantes em outros artigos disponíveis no PubMed (um enorme banco de artigos científicos da área médica). Isso permite aos editores avaliar o quão original é o artigo, independentemente da ocorrência ou não de frases literalmente idênticas em outras publicações.[11]

Peer review feitas por seres humanos, evidentemente, nem sempre são inteiramente imparciais. Mas, por ora, não existe nenhuma garantia de que *peer reviews* geradas por algoritmos serão menos propensas à parcialidade. Se o algoritmo for treinado comparando banco de dados de artigos que já foram aceitos para publicação no passado com os bancos de dados que contêm os artigos que foram rejeitados, há chances de que o algoritmo reproduza eventuais injustiças passadas, ou de que ele não seja capaz de reconhecer a emergência de novas metodologias e modos de abordagem. Ter um artigo rejeitado por pareceristas anônimos é sempre uma experiência frustrante, mas ter um artigo rejeitado por um robô pode ser uma experiência ainda muito pior.[12]

A geração de *peer reviews* não é o único modo através do qual algoritmos podem contribuir para a aceleração e difusão de conhecimento. Parker sustenta que existem temas sobre os quais ninguém quer escrever, ou livros que nenhuma editora estaria interessada em publicar, porque o público alvo é muito restrito, ou de baixo poder aquisitivo. Esse público, de modo geral, é composto por pessoas que não teriam tempo ou competência para realizar uma pesquisa por conta própria com vistas à publicação do resultado.[13] Mas essas pessoas podem, ainda assim, ter interesse em ler uma obra sobre um tema bastante específico e ainda pouco explorado. Pense, por exemplo, num livro de exercícios de língua estrangeira, com palavras cruzadas em inglês, para falantes de português do Brasil que estão se preparando para o TOEFL (Test of English as a Foreign Language). Talvez poucas editoras tenham interesse em publicar e manter em catálogo um livro como esse. Mas para Parker o custo de produção desse livro é irrisório, e é por isso que ele já publicou esse título também: *Webster's English to Brazilian Portuguese Crossword Puzzles: Level 1*. Custa 14,95 dólares na loja da Amazon. Só que o leitor não é informado sobre a "autoria" do livro.[14]

Uma obra gerada por computador poderia também ser oferecida para a venda, em praticamente qualquer idioma, antes mesmo de ter sido escrita. Na patente que Parker obteve para o programa, em 2007, consta a seguinte informação: "o título pode ser escrito (*authored*) sob demanda, em qualquer idioma desejado e com versão e conteúdo mais recentes."[15] A vantagem para o leitor é evidente: o livro gerado no momento da compra estará em conformidade com a literatura atualizada sobre o tema em questão.

Em 2019, um algoritmo chamado Beta Writer, criado por pesquisadores da Universidade de Frankfurt, na Alemanha, gerou um livro sobre baterias de lítio com base num princípio similar ao princípio sugerido por Parker. A obra tem como título *Baterias de íons de lítio: Um resumo da pesquisa atual gerado por máquina*.[16] Beta Writer leu centenas de artigos sobre baterias de lítio e condensou toda a literatura consultada num livro de 247 páginas, dividido em capítulos específicos. A escolha pelo tema não foi casual: baterias de lítio estão presentes em nossos telefones celulares, relógios, máquinas fotográficas, e uma infinidade de outros aparelhos eletrônicos de nosso uso diário. Só nos três anos que precederam a geração do livro criado por Beta Writer, mais de 53 mil artigos científicos sobre baterias de lítio já haviam sido publicados. O problema, porém, é que nenhuma equipe de cientistas consegue dar conta, sozinha, de toda a literatura existente sobre o tema. Na introdução do livro gerado por Beta Writer, Henning Schoenenberger explica o seguinte:

> Ele [Beta Writer] condensa automaticamente um grande conjunto de artigos em um livro razoavelmente curto. Este método permite que os leitores acelerem o processo de digestão da literatura de um determinado campo de pesquisa, em vez de ler centenas de artigos publicados. Ao mesmo tempo, se necessário, os leitores sempre podem identificar e clicar na fonte original utilizada, a fim de aprofundar e explorar ainda mais o assunto.[17]

À exceção da introdução, *Baterias de íons de lítio: Um resumo da pesquisa atual gerado por máquina* foi inteiramente escrito por Beta Writer, que aparece na capa do livro como autor (ou talvez autora) da obra. O grupo editorial Springer Nature, que colaborou no desenvolvimento de Beta Writer, tem interesse agora em aperfeiçoar o algoritmo e estender a sua área de atuação ao âmbito das ciências humanas e ciências sociais.

Se as previsões de Kristian Hammond e Philip Parker se mostrarem corretas, algumas ideias aparentemente triviais na academia como, por exemplo, "autoria" e "originalidade" terão de ser redefinidas nos próximos anos. Casos de plágio na academia serão um problema menor, pois já existem muitas ferramentas para a detecção desse tipo de fraude. O grande problema será sabermos se estudantes e pesquisadores são, de fato, os autores dos trabalhos que enviam para revistas acadêmicas, ou encaminham para agências de fomento em busca de financiamento, ou se eles não seriam, na verdade, apenas coautores de suas próprias pesquisas.

Sugestão de leitura

Magrani, Eduardo. (2014). *A internet como ferramenta de engajamento político-democrático*. Curitiba: Juruá.

McEwan, Ian. (2019). *Máquinas como eu* (traduzido por Jorio Dauster). São Paulo: Companhia das Letras.

Norvig, Peter; Russell, Stuart. (2013). *Inteligência artificial* (traduzido por Regina Célia Simille de Macedo). Rio de Janeiro: Campus. (Originalmente publicado em 2010).

* * *

4

Inteligência artificial para a geração de hipóteses científicas

Uma famosa história sobre o físico Isaac Newton poderia talvez sugerir que hipóteses científicas nascem em árvores, ou que talvez elas caiam do céu. Mas seria uma ilusão acreditar que a teoria da gravitação universal possa ter realmente ocorrido a Newton depois que uma maçã caiu em sua cabeça.[1] Uma hipótese científica interessante é formulada, reformulada, e refinada gradualmente. É preciso se ocupar intensamente de um problema, e da literatura relevante, até que uma ideia se apresente como uma hipótese promissora, capaz de ser examinada pela metodologia que for mais adequada ao tipo de investigação em questão. Isso não quer dizer que aquele momento de *eureca!* seja um mito, ou que a palavra *inspiração* não tenha mais sentido na prática científica atual. Momentos de inspiração podem até existir. Mas eles são precedidos de muito trabalho. Como o inventor Thomas Edison disse uma vez: "genialidade é um por cento inspiração, e noventa e nove por cento transpiração."[2] É preciso também levar em conta, como o próprio Newton reconheceu, que grandes cientistas trabalham "apoiados sobre os ombros de gigantes."[3] Isso significa dizer que cientistas tomam como ponto de partida as ideias de seus predecessores mais eminentes, nem que seja para rejeitar essas ideias depois. Mas só há um problema agora com a metáfora sugerida por Newton: já não existem mais gigantes em cujos ombros possamos nos erguer. Explico-me.

No panorama da pesquisa científica contemporânea, a produção de novas ideias está espalhada em milhares, às vezes milhões de publicações. Já não existem mais "ombros de gigantes" – uns poucos gênios cujas obras sirvam como ponto de partida para os demais cientistas.[4] A maior parte das publicações nas ciências naturais é assinada por vários autores e autoras. A genialidade está, por assim dizer, diluída em redes de pesquisadores e equipes de cientistas que se veem obrigados a publicar cada vez mais, seja para assegurar uma posição na universidade ou para obter fundos para seus laboratórios e colaboradores. Gênios como Newton, nos séculos XVII e XVIII, ainda estavam em condição de conhecer praticamente toda a literatura científica e filosófica de sua época. Mas hoje em dia isso não é mais viável. Existem atualmente mais de 50 milhões de artigos científicos disponíveis online. Estima-se que a cada dois minutos um novo artigo apareça.[5] Formular uma hipótese original é cada vez mais difícil. Nós já mal conseguimos nos manter atualizados em nossa própria área de expertise, quanto mais em outras áreas, que também podem ser relevantes para a nossa própria pesquisa. Nenhum cientista consegue mais ler *toda* a produção existente em sua área de investigação. No entanto, o conhecimento do que vem sendo produzido em sua própria área é fundamental para que um pesquisador ou pesquisadora possa formular uma hipótese interessante – e em seguida testá-la. O que fazermos então para nos orientarmos nessa montanha de publicações acadêmicas que não para de crescer?

Uma solução agora consiste em usar inteligência artificial para ler toda a literatura sobre um determinado assunto, e para sugerir em seguida algumas hipóteses promissoras. Cabe então aos cientistas testar as hipóteses, e determinar se elas são verdadeiras ou falsas.

Existem atualmente vários algoritmos para "mineração de dados" (*data mining*, em inglês). Esses algoritmos são capazes de – por assim dizer – garimpar montanhas de publicações em busca de novas ideias. É claro que, num sentido trivial, as ideias garimpadas não são novas, pois elas já estão lá registradas nos artigos publicados. Mas muitas vezes uma ideia é nova, não porque ela seja inteiramente original, mas porque ela resulta da conexão criativa entre ideias já existentes. O que algoritmos para geração automatizada de hipóteses científicas fazem é sugerir correlações que os cientistas ainda não viram, mas que poderiam ser exploradas. Vejamos melhor alguns desses algoritmos.

KnIT, brainSCANr, e Word2vec

Um deles se chama KnIT, criado por Olivier Lichtarge (Faculdade de Medicina de Baylor) e Scott Spangler (IBM). Lichtarge e Spangler descrevem o funcionamento de KnIT num artigo de 2014 intitulado "Geração de hipóteses automatizadas com base na escavação da literatura científica".[6] KnIT "leu" 186.879 artigos sobre uma proteína conhecida como p53, associada à supressão de tumores em seres humanos. O algoritmo gerou em seguida 64 hipóteses para serem testadas empiricamente. Para avaliar a eficácia do algoritmo, o programa leu apenas os artigos publicados até 2003. A razão para isso é simples: em 2014, Lichtarge e Spangler já sabiam o que havia sido descoberto sobre a proteína p53 nos dez anos anteriores. Mas o algoritmo, não. KnIT não tinha nenhuma informação sobre o que tinha sido descoberto nessa área a partir de 2004, uma vez que os dados mais recentes, "garimpados" por KnIT, eram aqueles até 2003. Se pelos menos algumas das hipóteses geradas pelo algoritmo coincidissem com algumas das descobertas feitas a partir de 2004, então o algoritmo estaria fazendo um prognóstico confiável sobre o que, a partir de 2004, valeria a pena pesquisar na busca por novas formas de tratamento contra o câncer. As sugestões propostas por KnIT foram encorajadoras: o algoritmo foi capaz de gerar 9 hipóteses que, entre 2004 e 2014, se mostraram verdadeiras.

Um algoritmo similar foi criado pelo casal Bradley Voytek e Jessica Voytek (Universidade da Califórnia). O algoritmo se chama brainSCANr e seu funcionamento é descrito pelo casal num artigo de 2012. O problema que os dois pesquisadores tentam resolver é formulado de modo bastante claro na seguinte passagem do artigo:

> Antes de se formular uma hipótese, é preciso que se tenha um completo entendimento da pesquisa anterior para garantir que a trajetória de investigação esteja fundada sobre uma base estável de fatos estabelecidos. Mas como um pesquisador poderia realizar uma revisão integral e não tendenciosa da literatura quando mais de um milhão de artigos foram publicados?[7]

O brainSCANr examina correlações entre termos científicos, que ocorrem nas publicações sobre um determinado tema, e procura em seguida "buracos estatísticos" (*statistical holes*). Esses buracos estatísticos são correlações que ainda não aparecem na literatura, mas que poderiam ser examinadas pelos cientistas. O brainSCANr analisou então informações sobre cerca de 3,5 milhões de artigos indexados no PubMed, um imenso banco de dados sobre publicações na área médica. Uma das diferenças entre KnIT e o brainSCANr diz respeito às áreas da ciência em que eles são usados. O primeiro vasculha artigos em busca de hipóteses para serem testadas nas pesquisas sobre o câncer, ao passo que o segundo vasculha artigos ligados às neurociências. Mas os dois são capazes de formular hipóteses, o que parecia até bem pouco tempo uma tarefa que apenas seres humanos seriam capazes de realizar.

Outro algoritmo que também pode ser utilizado na aceleração de descobertas científicas é o Word2vec. Em 2019, Anubhav Jain e sua equipe treinaram o Word2vec para vasculhar artigos científicos na tentativa de descobrir novos materiais com propriedades termoeléctricas – materiais que podem converter diferenças de temperatura em eletricidade e vice-versa. O algoritmo, que em si mesmo não é uma criação do grupo, leu cerca de 3,3 milhões de resumos de artigos publicados entre 1922 e 2018 em mais de 1.000 revistas científicas. Word2vec compilou então um vocabulário com aproximadamente 500.000 palavras, que ocorrem nos textos garimpados, e estabeleceu em seguida diversas associações de que os pesquisadores ainda não tinham se dado conta. Logo no início do artigo, os autores descrevem a estratégia metodológica por trás do funcionamento do algoritmo: "A ideia é que, uma vez que palavras com significados similares ocorrem em contextos similares, as correlações (*embeddings*) correspondentes também serão similares."[8] Ou seja: quanto mais vezes uma palavra X ocorre no mesmo contexto em que a palavra Y ocorre, maior é a probabilidade de que as propriedades atribuídas a Y possam ser atribuídas a X também. O contexto foi estipulado como tendo uma abrangência de no máximo 8 palavras. Assim, se a referência a um material X ocorrer com muita frequência no mesmo contexto em que também aparece a palavra Y, usada para designar, por exemplo, uma reação química, ou uma técnica de produção, ou um tipo de aplicação, então é provável que haja uma correlação relevante entre o material X e a propriedade Y, mencionada no contexto.

Para testar as predições feitas por Word2vec, a equipe utilizou um tipo de metodologia similar àquela empregada na avaliação do KnIT. Ou seja: Word2vec teve acesso apenas aos artigos publicados até uma data limite. Em seguida, os pesquisadores compararam as predições feitas por Word2vec com as descobertas que foram realizadas no período subsequente à data limite. Os resultados foram encorajadores, pois o algoritmo foi capaz de "antecipar" várias descobertas que ocorreram no período posterior à data estipulada.[9]

O preço de novas ideias

Uma ideia que poderíamos ter acerca da formulação de hipóteses científicas originais é que elas decorrem unicamente da criatividade de pesquisadores em momentos de inspiração. Essa ideia não é errada, mas a maior parte das hipóteses que cientistas formulam cotidianamente em laboratórios e centros de pesquisa acaba depois se mostrando falsa, quando são realizados os experimentos necessários para se comprovar ou rejeitar uma hipótese. Esse processo, evidentemente, faz parte da própria dinâmica da pesquisa científica. Karl Popper, um dos mais importantes filósofos da ciência no século XX, chegou mesmo a defender que nenhuma teoria científica é realmente "comprovada". Na obra *Conjecturas e Refutações*, publicada em 1963, Popper sustenta que teorias científicas são sempre provisórias. Elas podem ser provisoriamente aceitas como verdadeiras, mas apenas enquanto não tivermos ainda encontrado razões para rejeitá-las: "A teoria que não for refutada por qualquer acontecimento concebível não é científica. A irrefutabilidade não é uma virtude, como frequentemente se pensa, mas um vício."[10] O problema, porém, é que em vários âmbitos da investigação científica esse processo de "conjecturas e refutações" tem exigido cada vez mais recursos financeiros das agências de fomento, e tempo dos pesquisadores.

Um estudo publicado em 2017 sugere, contrariamente ao que se poderia talvez esperar, que a inovação tecnológica tem se tornado cada vez mais difícil. O estudo, assinado por Nicholas Bloom, Charles Jones, John Van Reenen, e Michael Webb, tem um título provocativo: "Está ficando cada vez mais difícil encontrar novas ideias?". Os autores sugerem que sim: a produção de novos conhecimentos e de novas tecnologias não tem aumentado na mesma medida em que se aumentam os investimentos em pesquisa. Ou seja: a produção de novas ideias tem se tornado cada vez mais onerosa.[11] Algoritmos como KnIT, brainSCANr, e Word2vec podem, portanto, se tornar importantes aliados na busca por conjecturas promissoras, passíveis de serem testadas empiricamente.

Uma famosa história sobre Isaac Newton sugere que ele teria formulado a teoria da gravitação universal quando uma maçã caiu em sua cabeça. Essa história é provavelmente apócrifa. O que podemos dizer agora é que grandes ideias não caem do céu. Elas são geradas por inteligência artificial.

Sugestão de audiovisual e leitura

Bostrom, Nick. (2018). Superinteligência (traduzido por Patrícia Jeremias; Clemente Gentil Penna). Barueri: Dark Side. (Originalmente publicado em 2014).

Kohs, Greg (direção); Lee, Cindy (edição). (2017). *AlphaGo* (filme documentário, 1h 30min). New York, 29 de setembro de 2017 (estreia).

Popper, Karl. (2000). *Conjecturas e refutações. O progresso do conhecimento científico* (traduzido por Sérgio Bath). Brasília: UnB. (Originalmente publicado em 1963).

* * *

5

Fake News: Dos rádios a válvulas às redes sociais

Em sua obra mais conhecida, o *Tratado sobre os Princípios do Conhecimento Humano*, de 1710, o filósofo irlandês George Berkeley defendeu uma teoria bem pouco intuitiva. Para Berkeley, o mundo material não existe. O que existem são as ideias na mente de cada pessoa. Quando olhamos pela janela, não percebemos casas, árvores ou montanhas. O que percebemos de fato são agregados de impressões. São esses agregados de impressões que formam, em nossas mentes, a ideia de coisas materiais. Mas nós não podemos comparar as ideias na mente com coisas fora da mente. Nós só podemos comparar as ideias, na mente, com outras ideias, também na mente. O mundo material – se existe – permanece inalcançável. A teoria de Berkeley pode parecer absurda, mas não seria essa a nossa condição agora?

Percebemos o mundo, cada vez mais, através da mediação de imagens formadas por um agregado de pixels. Quando um vulcão entra em erupção, em alguma parte do mundo, o que percebemos diretamente não é o objeto material, mas uma imagem formada no visor do celular. Mas essa imagem é real? Ela corresponde a alguma coisa de fato? Nós raramente estamos em condição de comparar o agregado de pixels com o vulcão de verdade. Tudo que podemos fazer é comparar o agregado de pixels com outras imagens virtuais. É como se nos víssemos naquela situação bizarra descrita pelo filósofo austríaco Ludwig Wittgenstein nas suas *Investigações Filosóficas*, de 1953.

> §258: [...] não tenho aqui nenhum critério de correção.
> §265: [...] como se alguém comprasse vários exemplares de um jornal para se assegurar de que o jornal diz a verdade.[1]

Como podemos então ter certeza de que não estamos sendo enganados quando lemos as notícias dos jornais? Afinal, nós só podemos contar, como critério de correção, com outras notícias para ler. As notícias, agora, existem predominantemente como agregados de pixels que nós só podemos comparar com outros agregados de pixels. Na obra de 1710, Berkeley afirma também o seguinte: "Primeiro levantamos a poeira, depois reclamamos porque não conseguimos enxergar".[2] Não é esse o resultado a que chegamos no último capítulo desta primeira parte do livro? Primeiro nos perguntamos se programas de computador não poderiam nos enganar por pelo menos cinco minutos. Mal podíamos esperar para ver um robô vencer no jogo da imitação. Mas agora – setenta anos após a publicação do artigo genial de Alan Turing – reclamamos porque não conseguimos enxergar mais nada direito por detrás de uma enorme nuvem de pixels.

A mesma tecnologia, que é capaz de produzir uma conversa por escrito e passar no "Teste de Turing", ou gerar textos acadêmicos e hipóteses científicas, ou publicar artigos confiáveis em sites jornalísticos, pode também, com mais facilidade, gerar notícias falsas – também conhecidas como *fake news*. O uso de inteligência artificial na produção e disseminação de *fake news* tem sido objeto de intensa discussão atualmente. E por boas razões: o problema não diz mais respeito apenas à produção de textos enganosos que se passam por notícias de verdade. O problema envolve também a geração de imagens de vídeos e arquivos de áudio que podem imitar de modo bastante convincente, por exemplo, um presidente da república comunicando na TV que o país está em guerra.[3] As implicações éticas e políticas decorrentes do uso de novas tecnologias para a geração de *fake news* são tremendas. No entanto, neste capítulo, eu pretendo me concentrar numa questão ainda pouco explorada no debate contemporâneo sobre *fake news*. Minha intenção agora é mostrar que a existência e disseminação de *fake news* dependem menos do progresso tecnológico do que de uma atitude inconsequente – e ao mesmo tempo bastante antiga – que temos com relação às coisas que lemos e ouvimos na imprensa.

O que torna o fenômeno das *fake news* objeto de intensa discussão atualmente não é apenas a falta de credibilidade dos sites em que elas se originam, mas o número de vezes que elas são compartilhadas. A responsabilidade pelas *fake news*, portanto, deve ser compartilhada também, em alguma medida, entre as milhares de pessoas que contribuem para a sua disseminação. Na discussão sobre *fake news*, devemos ter em mente também que esse não é um problema novo. *Fake news* são tão antigas quanto os próprios meios para comunicação de massa. E o modo como a sociedade lidou com esses problemas no passado talvez possa nos dar uma pista agora sobre como poderíamos lidar com essa questão no presente. Considere, por exemplo, a "notícia" sobre uma invasão de marcianos nos Estados Unidos.

Em outubro de 1938, Orson Welles produziu um dos mais famosos programas de rádio de que se tem notícia: a dramatização de *A guerra dos Mundos*, um livro de ficção científica publicado por H.G. Wells em 1898. A história original de H.G. Wells se passa em Londres, mas Orson Welles decidiu ambientar a sua própria versão de *A guerra dos mundos* na New Jersey de sua época. A escolha não foi casual, pois todos ainda tinham fresca na memória a tragédia do Hindenburg, o colossal dirigível alemão que havia explodido em New Jersey no ano anterior. Orson Welles instruiu o ator que interpretaria o jornalista que narra a chegada dos marcianos em New Jersey a ouvir várias vezes o registro da locução do jornalista que havia narrado, ao vivo, a tragédia do Hindenburg. Orson Welles sabia também que, em 1938, os americanos estavam apreensivos diante da possibilidade, não de uma "guerra dos mundos", mas de uma nova "guerra mundial". O medo de uma invasão alemã pairava no ar. Quando o programa de Orson Welles foi transmitido, ao vivo pelo sistema radiofônico da Columbia, o aviso de que se tratava de uma obra de ficção foi propositalmente curto, e muita gente pegou o programa pelo meio. O resultado, como vários jornais relataram no dia seguinte, foi pânico em várias partes dos Estados Unidos. Até que ponto também esse pânico não teria sido exagerado pelos próprios jornais da época, essa é uma questão que ainda divide os historiadores. De todo modo, muitas pessoas realmente acreditaram que o país estava sendo invadido por marcianos, pois as pessoas já estavam predispostas a acreditar em notícias sobre uma invasão iminente. A genialidade de Orson Welles consistiu em explorar esse medo (*figura 2*).

2¢ DAILY NEWS 2¢

NEW YORK'S PICTURE NEWSPAPER

U. S. BANS FAKE RADIO ALARMS

Where the Monsters from Mars Did NOT Attack

Figura 2. Primeira página do jornal *Daily News*, 1 de novembro de 1938: "EUA proíbem notícias *fake* de rádio". Orson Welles em destaque na foto.

Hoje em dia, psicólogos denominam "viés cognitivo" (*cognitive bias*, em inglês) a predisposição que temos para acreditar em coisas a que não daríamos muito crédito se parássemos para pensar um pouco melhor sobre o assunto. Daniel Kahneman, psicólogo e ganhador do Prêmio Nobel de Economia em 2002, examina vários tipos de viés cognitivo no livro *Rápido e devagar: Duas formas de pensar* (2012). Um viés cognitivo bem conhecido, por exemplo, é a "heurística da disponibilidade". Se você já tem "disponível" na memória uma informação recente e marcante sobre um evento, é bem provável que, com base nessa informação, você tire conclusões equivocadas sobre outros eventos parecidos: "Um acidente de avião que atrai cobertura da mídia vai alterar temporariamente seus sentimentos sobre a segurança de voar."[4] E isso pode ocorrer mesmo que você já tenha lido, em outras ocasiões, que o número de vítimas fatais em acidentes automobilísticos é muito maior do que o número de vítimas em acidentes aéreos. O problema é que notícias sobre acidentes aéreos são mais marcantes do que informações sobre números e estatísticas. Eles ficam, por assim dizer, "disponíveis" em nossa memória para tirarmos conclusões rápidas – mas também equivocadas – sobre outros eventos. O acidente com o Hindenburg e o medo de uma invasão alemã também estavam "disponíveis" na memória dos americanos quando o programa de rádio de Orson Welles foi ao ar. Curiosamente, o jornal *Diário da Noite*, ao noticiar no Brasil a repercussão sobre uma suposta invasão de marcianos nos Estados Unidos, fez um diagnóstico bastante preciso do problema – muito antes de se falar em "viés cognitivo". A reportagem foi publicada na primeira página do *Diário da Noite* em 31 de outubro de 1938:

> Considera-se que o panico foi devido a que as noticias irradiadas sobre a crise européa, durante mais de uma semana, acostumaram a milhões de pessoas a acreditar na possibilidade de qualquer acontecimento monstruoso.[5] [*preservada a grafia original da época*].

A novidade nos dias de hoje, porém, é que o leitor faz parte do processo de veiculação das notícias. Não basta acreditar em manchetes que reforçam as crenças que já temos disponíveis na memória. É preciso compartilhar com outras pessoas o que acabamos de ler.

Por outro lado, a proliferação de *fake news* pode também talvez contribuir para a emergência do tipo de atitude necessário para combatê-las. Uma das principais consequências da "notícia" sobre a invasão de marcianos nos Estados Unidos foi que muitas pessoas se tornaram mais críticas com relação às coisas que elas ouviam nos programas de rádio. Afinal, não havia ainda nem duas décadas que o primeiro programa de notícias havia sido criado nos Estados Unidos.[6] A compreensão do rádio como um instrumento confiável para o consumo de informação ainda estava em construção, exatamente como vem ocorrendo agora com as redes sociais e sites de notícias. O debate atual sobre *fake news*, portanto, deveria contribuir, não tanto para que *fake news* deixem de existir, ou para que elas sejam banidas das redes sociais, mas para que as pessoas, novamente, possam se tornar mais críticas relativamente às notícias que leem e compartilham na internet.

Algumas *fake news* podem também ser vistas como obras literárias. Considere, por exemplo, o que ocorreu com o escritor Ricardo Lísias, que lançou em 2014 uma série de *e-books* intitulada *Delegado Tobias*. Lísias costumava divulgar parte da história em seu perfil no Facebook. Em uma das postagens, Lísias anunciou que um certo delegado Paulo Tobias o procurou para dizer que a história narrada em *Delegado Tobias* era real, e que isso estaria trazendo transtornos à vida profissional e pessoal do delegado. Lísias chegou mesmo a divulgar online uma ilustração que, para todos os efeitos, tinha toda a aparência de um documento oficial, emitido pela Justiça Federal de São Paulo. O documento fictício constituiria parte de um processo movido pelo delegado Tobias contra Lísias, o autor de *Delegado Tobias*. Evidentemente, tanto o delegado Tobias, que dá nome à série de *e-books*, como o delegado Tobias, a quem Lísias se referia em seu perfil no Facebook, eram personagens do escritor. Eles não existem de verdade. Obras de ficção, também, começam agora a existir em outras mídias, e até em perfis do Facebook.[7] No entanto, isso não impediu o Ministério Público de mover um processo real contra Lísias em 2015, por conta de uma suposta falsificação de documentos oficiais. Mais tarde, felizmente, o escritor foi inocentado. O processo acabou sendo arquivado pelo Ministério Público em abril de 2016.

A existência de *fake news* exige, a meu ver, não tanto novos sistemas de controle ou censura, mas a emergência de uma cultura que torne as pessoas mais críticas relativamente ao bombardeio de informações a que somos expostos todos os dias. Já mal nos damos conta disso, mas quando começamos a usar e-mails cotidianamente, começamos também a receber uma quantidade enorme de *spams*. O problema continua existindo, é verdade, mas me parece que, passados mais de vinte anos desde a popularização de e-mails como forma cotidiana de comunicação, adquirimos uma habilidade para identificar sem muita dificuldade o que conta e o que não conta como uma mensagem confiável. A meu ver, com o tempo, o mesmo pode ocorrer com a nossa capacidade para identificar *fake news*.

No texto de 1710, Berkeley se pergunta o seguinte: "Pois como se pode saber se as coisas que são percebidas são conformes às coisas que não são percebidas, ou existem fora da mente?"[8] Talvez não possamos saber isso e, no final das contas, tenhamos de conviver com essa dúvida. Mas a dúvida pode, por outro lado, contribuir para pensarmos duas vezes se é ou não de nosso interesse repassar adiante as "notícias" que nos chegam pelas redes sociais. Uma boa dose de ceticismo, como o filósofo René Descartes propôs há mais de trezentos, é o primeiro passo para evitar sermos enganados por outras pessoas – ou até mesmo por um gênio enganador.[9]

Sugestão de Leitura

Branco, Sérgio. (2017). "*Fake news* e os caminhos para fora da bolha". *Interesse Nacional*, São Paulo, n. 38, ano 10, p. 51-61, agosto/outubro.

Kahneman, Daniel. (2012). *Rápido e devagar. Duas formas de pensar* (traduzido por Cássio de Arantes Leite). Rio de Janeiro: Objetiva. (Originalmente publicado em 2011).

Warzel, Charlie. (2018). "O futuro dos conteúdos falsos" (filme documentário, 17 min). In: *Seguindo os Fatos*, Parte 2, Episódio 7. Netflix. (Título original do episódio: "The future of fakes". Título original da série: *Follow This*).

* * *

PARTE II
Genética e Biotecnologia

6

Síndrome de Down e sentimentos morais: O caso do teste pré-natal não invasivo (NIPT)

Quando publicou o romance *O Filho Eterno*, em 2007, o escritor Cristovão Tezza não podia prever a repercussão que o livro teria. A obra explora, através de uma narrativa ficcional, a experiência do autor como pai de uma criança com síndrome de Down. O choque com que recebeu a notícia, logo após o nascimento do filho, vai gradualmente dando lugar, no livro, a uma transformação radical na vida do pai, o narrador da história. O livro de Tezza recebeu vários prêmios e foi traduzido para diversas línguas. Mais tarde, a obra foi também levada aos palcos e, em 2016, adaptada para o cinema.[1]

A descoberta, muitas vezes ainda no período de gestação, de que a criança esperada talvez não corresponda às expectativas que inicialmente nutriam pode ser devastadora na vida de muitos pais e mães. Com o tempo, porém, as expectativas e medos que pais e mães têm relativamente ao convívio com uma criança que tem síndrome de Down muitas vezes acabam se mostrando infundadas.

Não deve ser por acaso, aliás, que nas últimas décadas tenham surgido várias obras literárias que exploram o sofrimento, alegria, e angústias que muitas vezes marcam a relação de pais e mães com seus filhos e filhas portadores de algum tipo de limitação de ordem cognitiva. O escritor japonês Kenzaburō Ōe, por exemplo, ganhador do Prêmio Nobel de literatura em 1994, utiliza uma narrativa ficcional, no romance *Uma Questão Pessoal* (1964), para revisitar a sua relação com o filho, que nascera com uma anomalia no cérebro. O tema reaparece ainda em romances como *Nascer Duas Vezes* (2000), do escritor italiano Giuseppe Pontiggia, e *O Guardião de Memórias*, da americana Kim Edwards (2007). Fabien Toulmé narra o nascimento inesperado de uma filha com síndrome de Down numa *graphic novel* intitulada *Não era você que eu esperava*, publicada na França em 2014. Mais recentemente, Sarah Kanake chegou mesmo a sugerir que já é possível falarmos de um gênero literário à parte: o "romance síndrome de Down" (*Down syndrome novel*).[2]

Romances, peças de teatro e filmes, mais do que discussões filosóficas, são muitas vezes o motor de importantes transformações sociais. Nas últimas décadas, nossas sensibilidades mudaram, talvez menos por força de argumentos filosóficos do que pela contribuição de obras literárias e filmes de ficção. Obras de ficção têm o poder de redefinir nossa percepção das pessoas ao nosso redor – incluindo, é claro, nossa percepção de portadores de deficiências cognitivas – de um modo que a investigação filosófica, por si só, não seria capaz.

Medidas voltadas para a inclusão social de pessoas portadoras de necessidades especiais integram agora a agenda política de qualquer Estado democrático. Tornamo-nos, em muitos aspectos relevantes, mais humanos, pessoas melhores, e isso unicamente por vivermos em sociedades que incentivam a cultura e promovem a inclusão do outro.

É preciso que eu enfatize esse ponto, pois me parece que, ao mesmo tempo em que nos tornamos mais sensíveis à inclusão e mais abertos à diversidade, podemos também nos tornar mais resistentes a discussões de argumentos que, pelo menos em princípio, possam entrar em conflito com nossas sensibilidades morais.

Ao sugerir que obras de ficção têm o poder de contribuir para a redefinição de nossa sensibilidade moral, mais do que a reflexão filosófica parece capaz, não é minha intenção promover nossas sensibilidades à função de critério último da moralidade. Afinal, nossas sensibilidades funcionam também, muitas vezes, como um critério inadequado para darmos uma boa resposta à pergunta sobre se devemos ou não reprovar uma prática, se devemos ou não condenar uma ação. A imagem de dois homens se beijando em público, até bem pouco tempo, causaria (e muitas vezes ainda provoca) um sentimento de repugnância entre muitas pessoas. No entanto, ao tentarem articular uma reposta à pergunta sobre por que razão isso é errado, essas pessoas – quando não recorrem a ideias religiosas como fundamento de suas atitudes morais – contam apenas com suas próprias sensibilidades para justificar suas opiniões. O problema, porém, como vários estudos recentes no âmbito da psicologia social sugerem, é que sentimentos morais podem também, algumas vezes, apenas camuflar preconceitos e certas reações instintivas que não paramos para questionar.[3]

Sentimentos morais são importantes: eles ajudam a nos orientarmos num espaço social de posições políticas e atitudes morais diversas, nem sempre coerentes entre si. Sentimentos morais nos impelem também a defender ativamente as causas que abraçamos e os valores que endossamos. Mas, nesse espaço de posições diversas, sentimentos morais devem coexistir com as razões e argumentos que oferecemos para endossar ou rejeitar esse ou aquele tipo de prática. Considere, por exemplo, a discussão recente sobre o aumento expressivo do número de abortos de fetos diagnosticados com trissomia 21, a condição genética que leva ao nascimento de crianças com síndrome de Down.

Algumas reportagens na imprensa internacional, com repercussão no Brasil, chamam atenção para a decisão de muitas mães e pais, nos Estados Unidos e em alguns países da Europa, que optam pela interrupção da gestação ao saberem que a criança terá síndrome de Down. Estima-se que nos Estados Unidos o número de abortos de fetos diagnosticados com trissomia 21 seja de 67% (estatística do período 1995-2011). Na França a estimativa é de 77% (2015), no Reino Unido a média é de 90% (2011), na Dinamarca esse número chega a 98% (2015). Na Islândia, praticamente 100% dos casos resultam em aborto.[4]

É possível que esses números aumentem nos próximos anos. Até bem pouco tempo, o diagnóstico pré-natal de trissomia 21 exigia a retirada de uma amostra do líquido amniótico, que envolve o embrião. O procedimento é bastante arriscado porque a agulha necessária para a retirada da amostra pode atingir o nascituro. Mas um novo procedimento, conhecido como Teste Pré-Natal Não-Invasivo ou NIPT (do inglês *Non Invasive Prenatal Testing*), permite agora a realização do diagnóstico com bastante precisão e segurança. O teste exige apenas uma amostra de sangue da mãe na terceira semana de gestação.

Se uma pessoa for contra o aborto em qualquer situação, é claro que ela se posicionará também contra o aborto de fetos diagnosticados com trissomia 21. Mas nos países em que o aborto não é proibido, muitas pessoas, que não são contra o aborto de modo geral, vêm se posicionando contra a decisão de abortar nos casos em o NIPT é positivo para trissomia 21. Essas pessoas alegam que apenas por preconceito somos levados a supor que a vida com uma criança que tem síndrome de Down é ruim para as crianças, e um fardo para a família. Elas alegam também, além disso, que o aborto nesses casos é uma afronta à dignidade das pessoas com síndrome de Down, uma forma velada de dizer que a vida delas é menos valiosa do que a vida das pessoas sem trissomia 21. Mas essas alegações são justificadas? Parece-me que não.

Muitas mulheres adiam a gravidez por razões econômicas. Elas preferem consolidar uma carreira profissional antes de engravidar na expectativa de assegurar mais conforto material para o filho ou filha que desejam ter. Se essas alegações fossem justificadas, teríamos então de admitir que a decisão de adiar a gravidez por razões econômicas também representa, de modo análogo, uma afronta à dignidade das pessoas mais pobres, como se a decisão fosse uma forma velada de dizer que a vida de pessoas que vivem sem conforto material é menos valiosa do que a vida das outras pessoas.

É bem verdade que, nesse caso, há uma diferença importante: adiar uma gravidez não é a mesma coisa que interromper uma gravidez. Consideremos, então, uma outra situação.

O aborto é proibido por lei no Brasil, exceto em três situações: quando a gravidez representar um risco para a vida da mulher; quando a gravidez resultar de estupro; ou nos casos de anencefalia. A mulher que foi vítima de violência sexual não é obrigada a abortar. Mas se ela preferir o aborto, deveríamos então concluir que a sua decisão é uma afronta à dignidade das pessoas que nasceram como resultado de um ato de violência sexual, como se a decisão de abortar, nesse caso, fosse uma forma velada de dizer que a vida dessas pessoas é menos valiosa do que a vida de pessoas que resultam de uma relação sexual consentida? Parece-me que não.

Pessoas com síndrome de Down, pessoas que vivem na pobreza, ou pessoas cujos pais biológicos violentaram suas mães biológicas, devem ser tratadas com o mesmo respeito que dispensamos às outras pessoas. É função do Estado, portanto, promover políticas públicas e uma cultura da inclusão que coíbam qualquer tipo de discriminação. Mas, no final das contas, deve caber às mulheres a decisão sobre até que ponto se consideram realmente preparadas para educar uma criança que viverá na pobreza, ou que resulta de uma relação sexual não consentida, ou que, possivelmente, terá de viver para sempre sob a guarda e cuidado de outras pessoas.

O que aprendemos nas últimas décadas, e o que muitas obras de ficção deixam bem claro também, é que pessoas com síndrome de Down podem trabalhar e se tornar artistas, atletas, ou modelos sem jamais representar um fardo para pais e mães. É também função do

Estado, portanto, e da sociedade de modo geral, garantir a existência de um espaço público em meio ao qual pessoas portadoras de necessidades especiais possam desenvolver todo o seu potencial.

Por outro lado, no momento em que a trissomia 21 é diagnosticada, não é possível ainda ter uma estimativa segura do grau de autonomia de que a criança – e o adulto mais tarde – será capaz. Muitas pessoas com síndrome de Down terão de passar a vida inteira sob tratamento médico ou sob a guarda e cuidado dos pais – frequentemente apenas sob a guarda e cuidados da *mãe*. Estatísticas mostram que a ocorrência de trissomia 21 é mais frequente entre mulheres acima dos 40 anos de idade. Nesses casos, é bastante provável que o filho ou filha com síndrome de Down tenha uma vida mais longa do que a da mãe. A incerteza sobre quem assumirá a guarda da criança nesses casos me parece uma boa razão para a mãe se colocar a pergunta – e para o Estado conceder o direito – se deseja realmente levar adiante a gravidez.

Que tenhamos nos tornado mais sensíveis às demandas de grupos que foram discriminados em nosso passado recente, isso é algo a ser celebrado. Mas isso também não deve nos impedir de compreender as razões que, em certas circunstâncias, muitas mulheres podem ter para pôr fim à gravidez. O direito de abortar, nessas circunstâncias, não é uma forma velada de dizer que a vida dessas pessoas é menos valiosa. Pelo contrário, a decisão de ter levado adiante a gravidez, nas circunstâncias em que o Direito permitiria abortar, é a maior prova do amor incondicional que mães e pais podem ter por seus filhos.

Sugestão de leitura

Greene, Joshua (2018). *Tribos Morais* (traduzido por Alessandra Bonrruquer). Rio de Janeiro: Record. (Originalmente publicado em 2013).

Ōe, Kenzaburō. (2003). *Uma Questão Pessoal* (traduzido por Shintaro Hayashi). São Paulo: Companhia das Letras. (Originalmente publicado em 1964).

Tezza, Cristovão. (2007). *O Filho Eterno*. Rio de Janeiro: Record.

* * *

7

Quem precisa de sexo para engravidar? Novas tecnologias e o futuro da reprodução humana

Em *Mais uma chance*, filme de 2018 distribuído pelo Netflix, Richard e Rachel desejam muito ter uma criança. Eles não podem perder tempo. O filme já começa mostrando o casal em ação: a luz tênue do quarto, a mulher deitada na cama já quase sem roupa. O homem se aproxima e vai lhe acariciando o corpo na altura da cintura.

"Você está pronta?" – Richard pergunta.

Parece uma cena romântica, um passo indispensável para se gerar um bebê. Mas não. Logo se vê que Richard está se preparando para aplicar uma injeção na esposa. Rachel reclama, e não só da dor. A rotina de injeções lhe causa ansiedade e enjoos. Os dois já passaram dos 40 anos de idade e não conseguem dar início a uma gravidez. Para eles, a fertilização *in vitro* (ou IVF) é o último recurso.

A IVF foi realizada pela primeira vez em 1978, na Inglaterra. Na época, as pessoas ainda falavam em "bebês de proveta" – uma linguagem que caiu em desuso. A técnica era uma espécie de tabu no início, pois muitas pessoas consideravam moralmente errado dar início à vida humana fora do corpo da mulher. Mas, com o tempo, a IVF foi se tornando cada vez mais comum. Estima-se que mais de 5 milhões de crianças já tenham nascido em todo o mundo graças ao uso da técnica.

A aplicação diária de hormônios, mostrada no filme, é necessária para que vários óvulos – e não apenas um, como geralmente ocorre durante o ciclo menstrual – amadureçam de uma só vez. Mais tarde, os óvulos serão retirados por meio de um procedimento que, novamente, representará mais incômodos para a mulher. Então os óvulos serão fertilizados *in vitro*, fora do seu corpo. Os espermatozoides usados na fertilização *in vitro* podem ser os do próprio parceiro ou os de algum doador (anônimo ou não). Um doador é necessário, por exemplo, quando o homem não produz espermatozoides – ou produz, mas não em número suficiente para dar início a uma gravidez de modo natural. Às vezes ocorre o contrário: o casal precisa recorrer à doação de óvulos porque os óvulos produzidos pela mulher, por circunstâncias diversas, não são adequados para dar início à gravidez.

Como quer que seja, um ou mais óvulos serão fertilizados *in vitro*. Antes de serem transferidos para o útero, os embriões gerados serão examinados na clínica para ver se não apresentam má formação. Em alguns casos, recomenda-se também o Diagnóstico Genético Pré-Implantacional (ou PGD), que permite averiguar se os embriões são portadores de alguma anomalia genética. O PGD é especialmente recomendável quando o casal tem um histórico de doenças congênitas na família como, por exemplo, fibrose cística, anemia falciforme, doença de Tay Sachs, etc. Se tudo estiver em ordem, um embrião será transferido para o útero da mulher. Os demais podem ser congelados para uso posterior.

O tratamento para infertilidade pode ser um processo bastante estressante na vida do casal, sem contar os custos que o procedimento envolve. No entanto, em algumas situações, a palavra *tratamento* pode não ser inteiramente adequada para designar as razões que levam homens e mulheres a procurar uma clínica de fertilização. Muitas pessoas vêm recorrendo a tecnologias para reprodução assistida com o mesmo intuito de Richard e Rachel: para ter uma filha ou um filho. Mas, diferentemente dos personagens do filme, o que elas buscam não é o *tratamento* para um problema de ordem médica. O problema delas é autêntico, só que de outra ordem.

O uso não-terapêutico de tecnologias para reprodução assistida

Muitas mulheres, ao ingressarem no mercado de trabalho, preferem investir em sua própria carreira profissional em vez de ter um bebê. No entanto, mais tarde, quando a carreira profissional já estiver consolidada e elas decidirem ter filhos, é provável que já não sejam mais tão férteis quanto eram anteriormente. Deve competir a cada mulher, evidentemente, tomar essa decisão: dar prioridade à carreira ou constituir uma família. Para muitas mulheres, talvez não haja sequer um problema aqui, nenhuma decisão dramática que exija deliberação. Para outras, porém, especialmente aquelas que atuam num mercado de trabalho altamente competitivo, trata-se de uma decisão difícil. Para elas, novas tecnologias para reprodução assistida podem oferecer uma alternativa à perspectiva de ter de optar entre uma coisa ou outra – carreira ou maternidade. A mulher em idade fértil pode então recorrer à IVF, não para dar início imediato à gestação, mas apenas para retirar e congelar alguns de seus próprios óvulos. Alguns anos depois, ela pode solicitar a fertilização dos óvulos, seja com os espermatozoides de seu próprio parceiro ou com os de algum doador (anônimo ou não).

Parece estranho dizer que, nesses casos, a mulher procura uma clínica de fertilização em busca de *tratamento*, pois o seu problema não é médico. De um ponto de vista estritamente biológico, ela não é infértil. São as circunstâncias da vida moderna e os avanços recentes em tecnologias para reprodução humana assistida que a levam a procurar uma clínica de fertilização. Em inglês, existe uma expressão para designar esse tipo de prática: *social egg freezing* (congelamento de óvulos por razões sociais) por oposição à prática do *medical egg freezing* (congelamento de óvulos por razões médicas). A prática do *medical egg freezing* pode ocorrer, por exemplo, quando a mulher, ainda em idade fértil, tem de se submeter à radioterapia. O tratamento contra o câncer pode comprometer a sua capacidade de ter filhos mais tarde, mas o congelamento prévio dos óvulos permite que ela possa gerar uma criança, ainda que tenha se tornado estéril em consequência da radioterapia.[1]

A prática do *social egg freezing* (ou SEF), por outro lado, não ocorre por razões médicas e, por isso, ela tem sido objeto de muito debate nos últimos anos. Até que ponto o SEF representa, de fato, uma boa alternativa a escolhas dramáticas na vida de uma mulher, ou até que ponto o SEF não representaria, antes, um fardo a mais na vida de mulheres que têm de conciliar o trabalho com a perspectiva de fundar uma família – essas são algumas das questões que vêm sendo debatidas nos últimos anos. Além disso, é preciso ter em mente que o SEF não é barato e que não há nenhuma garantia de que, mais tarde, o procedimento levará a uma gestação bem-sucedida.[2]

A prática do SEF, no entanto, não é a única que envolve o uso não-terapêutico de tecnologias para reprodução humana assistida. Considere, por exemplo, os casos de união homoafetiva. Uma coisa é a aceitação de que dois homens, ou duas mulheres, devem ter o direito de se casar. Outra coisa é a aceitação de que um casal de dois homens ou de duas mulheres têm os mesmos direitos de constituir uma família que casais heterossexuais têm. Até bem pouco tempo a relação entre duas mulheres não era vista como uma relação *reprodutiva*. Mas isso vem mudando nos últimos anos. Tecnologias para fins de reprodução assistida permitem agora a um casal de mulheres, por exemplo, a prática da "gestação compartilhada". Na "gestação compartilhada" o óvulo de uma das mulheres é fecundado *in vitro*. Em seguida, o embrião é transferido para o útero da outra mulher. Uma mulher tem a experiência da maternidade por ser a mãe biológica do bebê, ao passo que a outra tem a experiência da maternidade por gestar a criança.[3]

A gestação compartilhada, porém, assim como a IVF de modo geral, tem algumas implicações morais importantes, sem que seja claro como o Direito deve lidar com essas implicações. Em alguns países, apesar dos custos elevados, a IVF é coberta pelo sistema de saúde pública. Algumas empresas e planos de saúde também cobrem os custos com os quais mulheres ou homens têm de arcar para tratar a infertilidade.[4] Mas, no caso de um casal de mulheres, nem sempre é claro se elas têm ou não direito ao benefício. As empresas que administram planos de saúde podem alegar, por exemplo, que as mulheres, nesse caso, *não* são inférteis, e que por essa razão elas não teriam direito ao benefício. Afinal, é culpa delas se elas não conseguem engravidar. Por outro lado, do ponto de vista do casal de mulheres, seria possível alegar que esperar que uma delas tenha uma relação sexual com um homem, para que possam constituir uma família, é uma forma de discriminação inaceitável, especialmente no contexto de sociedades que reconhecem a legitimidade do casamento entre duas pessoas do mesmo sexo e repudiam a homofobia. Um casal de mulheres poderia então alegar o seguinte: suponhamos que, num casal heterossexual, a mulher não seja infértil, mas ainda assim ela não consegue engravidar porque o seu marido ou parceiro não produz espermatozoides em número suficiente para iniciar uma gravidez de modo natural. Seria estranho e profundamente injusto se, nesse caso, o plano de saúde (ou o Estado que oferece a IVF no sistema de saúde pública) alegasse que a mulher não é infértil e que, portanto, ela não precisa de tratamento, pois é culpa dela se ela escolheu o parceiro errado. A mulher pode ser fértil, mas no contexto da relação com esse homem específico ela não consegue engravidar. Por analogia, um casal de mulheres poderia alegar a mesma coisa:

elas podem ser férteis, mas, no contexto específico da relação entre as duas, uma delas não consegue engravidar. Tanto num caso como no outro, o *casal* é infértil, e é por essa razão que devem ter os mesmos direitos. Essa compreensão mais ampla acerca do que significa ser fértil ou infértil tem levado a comunidade científica a redefinir o próprio conceito de "fertilidade" e a falar também, agora, em "infertilidade social".[5]

A demanda de casais femininos pelo acesso a tecnologias de reprodução assistida é, a meu ver, tão legítima quanto a de casais heterossexuais que não conseguem dar início a uma gravidez. A tecnologia, nesse caso, estaria sendo utilizada para um uso não-terapêutico, mas o que justificaria o acesso à tecnologia – financiado pelo Estado ou pela companhia de seguros que oferece o procedimento para fins de *tratamento* de infertilidade – não é o direito à saúde, mas o direito a não ser vítima de discriminação por conta de orientação sexual.

O avanço tecnológico na área de reprodução assistida tem ainda outras implicações morais importantes, especialmente no que concerne à responsabilidade das clínicas de fertilização. Em 2014, duas mulheres recorreram a uma clínica de fertilização, nos Estados Unidos, para gerar uma criança e constituir uma família. Elas optaram por uma amostra de sêmen cujo doador tinha características fenotípicas como as delas – mulheres brancas. No entanto, ao realizar a IVF, a clínica cometeu um erro, pois utilizou por engano o sêmen de um doador negro. O erro só foi constatado após o nascimento da criança. Do ponto de vista jurídico, porém, não era claro o que deveria ser feito, pois a criança não podia ser devolvida como se devolve um produto. Não era claro também a que tipo de indenização o casal de mulheres teria direito, pois a criança gerada não tinha nenhum problema de saúde. As mulheres, portanto, não poderiam exigir uma indenização para poder arcar com eventuais custos com o tratamento da criança. O único problema, nesse caso, era que a criança não correspondia às expectativas das mães, que queriam uma criança branca.[6]

Outra questão relativa à responsabilidade das clínicas de fertilização diz respeito à manutenção dos reservatórios de nitrogênio nos quais embriões e células reprodutivas (óvulos e espermatozoides) são mantidos a baixíssimas temperaturas. Nem todos os embriões gerados por IVF são transferidos de uma só vez para o útero da mulher – o que poderia representar um grave risco para a sua saúde durante a gestação.[7] Os embriões que não forem transferidos para o útero podem ser congelados. Se ocorrer um aborto espontâneo durante o início da gestação, outro embrião pode ser utilizado, sem que a mulher tenha de passar novamente pelo tratamento hormonal e pelo procedimento cirúrgico para a retirada dos óvulos. Como os embriões podem permanecer congelados por bastante tempo, um embrião pode ser utilizado para dar início a uma gestação vários anos após a fertilização do óvulo. Em 2017, por exemplo, uma mulher deu à luz, nos Estados Unidos, um bebê que se desenvolveu a partir de um embrião que estivera congelado por 24 anos.[8] A mãe tinha pouco mais de um ano de idade quando o embrião foi gerado. Nesse caso, a mulher "adotou" o embrião. Ela era a "mãe gestacional" e não "mãe biológica" do bebê. Esse tipo de adoção é permitido em vários países porque, frequentemente, o número excedente de embriões não é utilizado pelo casal. Isso pode ocorrer por várias razões: porque o casal se separou, ou porque o pai ou a mãe faleceu, ou simplesmente porque o casal não deseja ter mais filhos, ou não tem condições de gestar e sustentar todos os embriões gerados na clínica de fertilização. No Brasil, as pessoas que recorrem aos serviços de clínica de fertilização devem declarar por escrito o que deve ser feito com as células reprodutivas ou com os embriões congelados no caso de uma separação ou na eventualidade do falecimento de um dos membros do casal.[9]

Uma interrupção no fornecimento de eletricidade na instalação em que ficam os reservatórios de nitrogênio, ou uma pane nos compressores, pode ser suficiente para dar fim a milhares de embriões. O envolvimento emocional (sem contar o investimento financeiro) de homens e mulheres com os embriões que foram gerados a partir de suas próprias células reprodutivas pode ser bastante intenso. Por essa razão, uma pane no sistema de refrigeração em que ficam preservados embriões e células reprodutivas pode ter consequências devastadoras na vida do casal. A responsabilidade da clínica de fertilização, portanto, é bastante grande.[10]

Há ainda outra questão relativa às responsabilidades das clínicas de fertilização que é tão importante que o tema virou seriado do Netflix. Na série australiana *De repente irmãs*, de 2017, o dono de uma clínica de fertilização confessa, já praticamente em seu leito de morte, ter utilizado seu próprio sêmen para gerar inúmeros embriões ao longo de 30 anos de carreira. De uma hora para outra, dezenas ou mesmo centenas de pessoas podem descobrir que são todas irmãos e irmãs por parte de pai. Para algumas pessoas, essa pode ser uma experiência traumática; para outras, a possibilidade de se repensar a própria ideia de família. Mas a questão mais grave num caso como esse não são as consequências psicológicas para os casais que foram enganados pela clínica, e para os filhos e filhas que descobrem terem dezenas ou centenas de irmãos e irmãs. A questão ética mais relevante aqui é o risco da consanguinidade.

As chances de que uma criança nasça com algum tipo de anomalia genética são maiores quando o pai e a mãe têm laços de parentesco. Ou seja: quando o pai e mãe são irmãos, meios-irmãos ou primos. Por essa razão, clínicas de fertilização têm de manter um registro cuidadoso de quantas vezes uma determinada amostra de sêmen foi utilizada para IVF. Conforme a legislação, o número de habitantes da cidade em que a clínica funciona também deve ser levado em consideração ao se estipular o número máximo de embriões que podem ser gerados a partir do mesmo doador. Essa medida tem como objetivo reduzir as chances de que, mais tarde, sem saber que são irmãos, um homem e uma mulher resolvam ter um bebê.[11] Aliás, no seriado do Netflix, a motivação do médico para confessar que havia utilizado o seu próprio sêmen na fertilização de inúmeros embriões foi exatamente essa: alertar antigos "pacientes" da clínica, agora em idade fértil, para a possibilidade de consanguinidade. O seriado, na verdade, é bem menos ficcional do que parece. O geneticista austríaco Bertold Paul Wiesner, por exemplo, utilizou seu próprio sêmen em uma clínica de fertilização, em Londres, ao longo de várias décadas. Acredita-se que Wiesner, falecido em 1972, seja o pai biológico de mais de 500 pessoas. Existem dezenas de relatos de casos similares em clínicas de fertilização na Europa, Estados Unidos e África do Sul.[12] É difícil explicar que razões alguém pode ter para querer se tornar o pai biológico de centenas de pessoas. É possível que alguns médicos, talvez movidos por ideias bíblicas, tenham levado às últimas consequências um suposto preceito divino: "Sede férteis e multiplicai-vos!" (*Gênesis* 1.28).

O aumento da demanda por IVF

Embora a IVF tenha se tornado mundialmente difundida, a legislação em torno do procedimento varia bastante de país para país. No Brasil não existe uma legislação que trate especificamente da reprodução assistida. A discussão sobre o tema geralmente se refere à Lei nº 11.105 de 2005 (conhecida como "Lei de Biossegurança") e a documentos regularmente publicados pela ANVISA e pelo CFM (Conselho Federal de Medicina).

A legislação brasileira, por exemplo, não proíbe a importação de sêmen humano para uso em clínicas de reprodução assistida, mas ela proíbe a sua comercialização. Isso significa dizer que no Brasil um homem não pode vender uma amostra do próprio sêmen para um banco de sêmen. Uma mulher brasileira, pelas mesmas razões, também está impedida de vender alguns de seus óvulos. Mas a legislação no Brasil, por outro lado, não proíbe a importação de países em que o comércio de sêmen é legal. É isso que tem permitido a muitos casais brasileiros, e a mulheres que preferem não ter um relacionamento com homens, iniciar uma gravidez. Em agosto de 2017, a ANVISA (Agência Nacional de Vigilância Sanitária) publicou dados sobre o primeiro levantamento sistemático acerca do comércio de sêmen humano no Brasil e o perfil de seus consumidores. Os dados do relatório se referem ao período compreendido entre 2011 e 2016. Nesse período, houve um aumento de 2.625% na importação de amostras de sêmen humano para dar início a gestações em clínicas de fertilização. O relatório revela também que a busca se concentra na Região Sudeste e que há um predomínio da procura por doadores de sêmen que tenham olhos azuis.[13]

Encorajados pelas mudanças nas atitudes sociais relativas a uniões homoafetivas, muitos casais de mulheres vêm recorrendo à IVF com o objetivo de fundar uma família. Segundo o relatório da ANVISA, entre 2011 e 2016 o grupo que apresentou maior crescimento na demanda pela importação de sêmen foi o de casais homoafetivos femininos (um crescimento de 279%), seguido dos grupos das mulheres solteiras (114%), e dos casais heterossexuais (85%). A Lei de Biossegurança, por si só, não deixa claro se a IVF pode ser oferecida apenas a casais heterossexuais, ou se ela não poderia ser estendida também a casais homoafetivos e mulheres solteiras. Por essa razão, reconhecendo a legitimidade das demandas de casais homoafetivos, o CFM publicou em setembro de 2017 uma nova resolução para regulamentar essa questão. Ficaram então assegurados direitos que, até então, não estavam bem estabelecidos.[14]

A demanda por sêmen importado cresceu tanto no Brasil que a empresa americana Fairfax Cryobank criou uma representação em São Paulo e passou a manter um site em português.[15] Diferentemente dos bancos de sêmen brasileiros, os bancos de sêmen americanos oferecem uma descrição detalhada do perfil de cada doador, ainda que a identidade seja mantida em sigilo. O perfil do doador inclui informações relativas à cor dos olhos, cor do cabelo, grupo étnico (asiático, caucasiano, negro, latino, misto), peso, tipo sanguíneo, altura, etc. Em alguns bancos de sêmen, o perfil pode incluir ainda o registro médico do doador e de seus progenitores. Algumas informações sobre o grau de instrução do doador também costumam ser oferecidas para que futuros pais e mães possam ter uma ideia de seus talentos e grau de inteligência. Mediante pagamento, alguns bancos chegam mesmo a oferecer uma foto do doador quando criança. Evidentemente, não há nenhuma garantia de que a IVF resultará no nascimento de uma criança com os traços atribuídos ao doador do sêmen. Mas a legislação, seja no Brasil ou nos Estados Unidos, não nega a nenhum cidadão o direito de escolher um parceiro – ou uma amostra de sêmen – que tenha o potencial para gerar um filho ou filha com certas características que os futuros pais ou mães consideram desejáveis.

As mulheres, em sua vida pessoal, não são proibidas de buscar um parceiro que tenha tais e tais características fenotípicas. Se a legislação não impede que uma mulher prefira se casar, por exemplo, com um homem negro a se casar com um homem branco (e vice-versa), ou que ela prefira se casar com um engenheiro ao invés de se casar com um garçom, a legislação, a meu ver, também não deve impedir que a mulher possa exercer a mesma liberdade no momento de escolher, não o parceiro com o qual pretende constituir uma família, mas a amostra de sêmen que utilizará para iniciar uma gestação.

Em países como Canadá, Austrália, Argentina, China e Grã-Bretanha, a procura por bancos de sêmen também aumentou bastante nos últimos anos. Muitos bancos de sêmen relatam, inclusive, que não têm conseguido atender a demanda. O problema se explica, pelo menos em parte, em função da redução do número de doadores. Em 2005, o Reino Unido introduziu uma legislação que proíbe a doação anônima de sêmen.[16] A justificativa para essa medida é que, como se percebeu, o que frustrava muitas pessoas não era descobrir que nasceram como resultado de IVF, mas a constatação de que jamais poderiam saber quem eram seus respectivos pais biológicos. Até que ponto essa é uma frustração que pode ser expressa em termos normativos, como resultado de um caso de injustiça, essa é uma questão controversa. Mas a justificação para a nova legislação de 2005 no Reino Unido, posteriormente endossada também em vários países, é que toda pessoa deve ter o direito de saber quem são seus pais biológicos. No Brasil, porém, permanece em vigência a regra do anonimato: a pessoa que doa o sêmen não pode saber quem são seus filhos ou filhas gerados com o sêmen doado; e pessoas que nasceram por meio de IVF, com doação anônima de sêmen, não podem saber quem são os seus pais biológicos.[17]

Para lidar com a escassez de doadores nos bancos de sêmen, o London Sperm Bank, por exemplo, disponibilizou entre 2016 e 2019 um aplicativo que permitia aos futuros pais e mães receber uma notificação automática no celular sempre que chegasse uma nova amostra de sêmen com o perfil desejado pelo casal. Bastava baixar o programa pelo site da Google Play Store ou da App Store e se cadastrar. O serviço foi interrompido em 2019, mas isso não tem impedido o surgimento de novos serviços que combinam técnicas de reprodução assistida com tecnologias que carregamos em nossos telefones celulares. Uma empresa americana, por exemplo, vende por cerca de 70 dólares um kit chamado *YO Sperm Test*, que permite aos homens fazer em casa a contagem de espermatozoides. Antes mesmo de se dirigir a uma clínica de fertilização, homens e mulheres já podem tecer um diagnóstico sobre as possíveis causas da infertilidade do casal. O kit vem com uma lente especial para acoplar à câmera do iPhone, vem também com um coletor descartável (cada homem deve imaginar por si próprio como encher o potinho), e com reagentes suficientes para a realização de até dois testes. Em poucos minutos, é possível observar e registrar em vídeo os espermatozoides nadando. O aplicativo faz a contagem e permite aos usuários compartilhar o vídeo nas redes sociais. Mulheres contam com aparelhos e aplicativos como, por exemplo, o *Mira Fertility Tracker* e o *Egg-Q*, que fazem uma estimativa do período do mês em que teriam as melhores chances de engravidar (ou de evitar a gravidez) por vias naturais.

Gametogênese e o futuro da reprodução assistida

Avanços recentes na genética e biotecnologia podem vir a permitir que, no futuro, a IVF se torne um procedimento menos oneroso para o casal, e bem menos invasivo para as mulheres. A emergência de novas técnicas de reprodução humana assistida, nas próximas décadas, dependerá mais da resolução de questões jurídicas e considerações de natureza moral do que de limitações de ordem técnica.

As células embrionárias, em seus primeiros estágios de desenvolvimento, podem se transformar em qualquer outro tipo de célula. Essas células são também conhecidas como "células-tronco". Durante o processo de desenvolvimento do embrião, as células-tronco se transformam em células especializadas, ou seja: células nervosas, células do coração, neurônios, células epiteliais, células ósseas e diversos outros tipos de células que formam o corpo humano. As células especializadas são mais comumente denominadas "células somáticas". Embora células somáticas somente possam se transformar em outras células somáticas do mesmo tipo, novas tecnologias permitem agora a pesquisadores transformar células somáticas em células-tronco. Células somáticas que foram induzidas para se comportar como células-tronco são denominadas "células-tronco pluripotente induzidas" (ou iPSCs, do inglês *induced Pluripotent Stem Cells*). Como as iPSCs podem se transformar em qualquer outro tipo de célula, elas podem também se transformar, portanto, em células reprodutivas – ou gametas.

A geração de células reprodutivas a partir de iPSCs é conhecida como gametogênese ou IVG (*In Vitro Gametogenesis*, em inglês). O procedimento foi realizado com sucesso pela primeira vez no Japão, em 2016, em camundongos. A partir de uma pequena amostra de células da cauda dos camundongos, os pesquisadores conseguiram gerar diversos óvulos. Os óvulos foram então fecundados em *in vitro* e os embriões gerados foram utilizados para dar início a uma gestação. Os camundongos produzidos pelos pesquisadores japoneses eram saudáveis e férteis. Novas ninhadas de camundongos saudáveis foram depois produzidas a partir da primeira geração obtida por meio da IVG.[18]

Especula-se que, no futuro, a IVG poderia também ser utilizada em seres humanos. Henry Greely, por exemplo, num livro publicado em 2016 – e que tem como título provocativo *The End of Sex* – sugere que a IVG, em combinação com a IVF, teria diversas vantagens sobre as técnicas correntes de reprodução assistida. A primeira vantagem é óbvia: ao invés de se submeter a uma rotina de injeções para administração de hormônios e passar por um procedimento cirúrgico para a retirada dos óvulos, a mulher precisaria simplesmente fornecer para a clínica uma pequena amostra de sua pele – um procedimento que pode ser mais simples e indolor do que remover cutículas na manicure da esquina. A segunda vantagem talvez seja menos óbvia, mas teria também consequências sem precedentes para a medicina reprodutiva. A partir de uma pequena amostra de células somáticas, uma enorme quantidade de óvulos poderia ser produzida. Isso permitiria aos clínicos gerar dezenas ou até mesmo centenas de embriões com uma única amostra de sêmen.[19] (Como Greely sugere, a natureza não é justa: enquanto uma mulher amadurece apenas um óvulo por mês, ou alguns poucos óvulos quando seus ovários são hiperestimulados por hormônios, os homens produzem milhões de espermatozoides, prontos para entrar em ação em qualquer momento do mês). Dessa forma, os clínicos poderiam selecionar o embrião – entre centenas de embriões – que tivesse as melhores chances de se desenvolver no útero da mulher.

O uso não-terapêutico de IVG, em combinação com a IVF, teria implicações até bem pouco tempo inimagináveis. Um homem poderia recorrer a IVG para, a partir de uma pequena amostra de suas células somáticas, solicitar a geração de óvulos. Ou seja: um homem poderia se tornar mãe. E uma mulher, da mesma forma, poderia se valer do procedimento para a geração de espermatozoides e, assim, se tornar pai. O procedimento, portanto, tornaria desnecessário o recurso a doadores de sêmen ou a doadoras de óvulos. Um casal de homens ou um casal de mulheres, dessa forma, poderia ter uma criança geneticamente relacionada aos dois membros do casal. No entanto, dois homens ainda teriam que recorrer ao auxílio de uma "barriga de aluguel", ou seja, uma mulher para gestar o bebê. Por outro lado, dois homens poderiam ter tanto filhos quanto filhas, ao passo que duas mulheres só poderiam ter filhas. Isso ocorre porque mulheres têm cromossomo XX, ao passo que homens têm cromossomo XY. Ou seja: a combinação de XX com XX sempre resulta em XX, enquanto a combinação de XY com XY pode resultar tanto em XX quanto XY.

A combinação de IVG e IVF para fins de reprodução humana poderia gerar alguns cenários moralmente perturbadores, e juridicamente caóticos. Esses cenários poderiam facilmente surgir a partir do uso indevido de células alheias. Sem nos darmos conta ou nos preocuparmos com isso, ao longo do dia vamos deixando no ambiente pequenas amostras de nossas próprias células. Fios de cabelo se soltam e ficam retidos em poltronas de salas de espera, ou no encosto dos assentos de ônibus e aviões. Ao almoçarmos num restaurante, algumas células aderem aos talheres e copos que usamos. Da mesma forma que a polícia pode usar fios de cabelo, talheres e copos para fins de medicina legal – para saber se uma determinada pessoa esteve ou não na cena do crime – uma pessoa mal-intencionada poderia usar amostras de células de uma outra pessoa com o objetivo de ter um filho ou uma filha com ela. A pessoa mal-intencionada poderia também, alternativamente, contribuir para a emergência de um mercado negro de células reprodutivas de gente famosa. Isso tornaria testes de paternidade para fins de pensão alimentícia praticamente sem valor, pois um homem poderia sempre alegar (cinicamente ou não) que suas células foram roubadas e que, portanto, ainda que o teste de paternidade seja positivo, ele não pode ser legalmente responsabilizado pela gravidez da mulher. Além disso, um homem, sem saber ou sem ter dado seu consentimento, poderia se tornar mãe biológica de uma criança; uma mulher poderia se tornar pai biológico de um bebê. Uma criança de 5 anos de idade, pelas mesmas razões, também poderia se tornar pai ou mãe de um bebê.

A combinação de IVG e IVF poderia também permitir o surgimento de "casais" de quatro pessoas. (Se a palavra "casal" é adequada aqui, essa é uma questão que eu deixo em aberto). Suponhamos que quatro indivíduos A, B, C e D (homens ou mulheres, heterossexuais ou homossexuais) recorram IVG e IVF para gerar dois embriões. A e B usam suas próprias células para gerar o Embrião$_1$, enquanto C e D usam suas células para gerar o Embrião$_2$. As células do Embrião$_1$ poderiam, então, ser usadas para gerar espermatozoides, e as células do Embrião$_2$ poderiam ser utilizadas para gerar óvulos. O Embrião$_1$ e o Embrião$_2$ serão em seguida descartados. Mas as células reprodutivas obtidas a partir do Embrião$_1$ e do Embrião$_2$ poderiam ser utilizadas em seguida para gerar o Embrião$_3$. Após um exame por meio do PGD, o Embrião$_3$ poderia ser então transferido para um útero e se tornar uma criança que, do ponto de vista genético, será igualmente relacionada a A, B, C e D. Esse modelo hipotético de paternidade já recebeu um nome: "paternidade multiplex" (*multiplex parenting*, em inglês).[20]

O mesmo procedimento poderia também, pelo menos em princípio, permitir o surgimento de uma forma ainda mais estranha de paternidade. Um indivíduo F poderia recorrer à combinação de IVG e IVF com o intuito de ter um filho ou filha consigo mesmo. Se F for uma mulher, ela pode utilizar IVG para gerar espermatozoides, se F for um homem, ele pode utilizar IVG para gerar óvulos. Em seguida, os óvulos (naturais ou gerados por IVG) poderiam ser fertilizados *in vitro* com vistas à geração de um ou mais embriões. Do ponto de vista genético, F seria ao mesmo tempo pai e mãe da criança. Essa forma hipotética de paternidade já recebeu um nome também: "paternidade solo" (*solo parenting*, em inglês). A criança, nesse caso, não seria um clone de F, mas estaria sujeita aos mesmos riscos vigentes nos casos em que o pai e a mãe têm laços de parentesco.[21]

Em busca do bebê perfeito

Tecnologias para sequenciamento genético têm se tornado cada vez mais rápidas e baratas. A empresa *23andMe*, por exemplo, comercializa em vários países kits para sequenciamento genético por cerca de 100 dólares. A pessoa interessada recebe em casa o kit e tudo o que ela tem de fazer é enviar de volta para a empresa, pelo correio, uma amostra de sua saliva num potinho que vem junto com o kit. Em poucos dias a pessoa pode acessar online uma série de informações sobre a sua predisposição para desenvolver certas doenças genéticas no futuro. Quando começou a atuar no mercado – inclusive por algum tempo no Brasil – não era claro se a *23andMe* não estaria oferecendo, ilegalmente, consultoria médica pelo correio e pela internet. As autoridades americanas entenderam que sim e, por essa razão, restringiram bastante a quantidade de informações médicas que a empresa poderia repassar para os clientes sem a mediação de um geneticista.

Suponhamos que, no futuro, o sequenciamento genético se torne ainda mais rápido e mais barato do que é atualmente. Henry Greely e Sonia Suter, por exemplo, sugerem que a combinação de IVG e IVF poderia então ser utilizada para a geração simultânea de centenas de embriões geneticamente relacionados a um mesmo casal.[22] Em seguida, a clínica de fertilização poderia fazer o sequenciamento genético de todos os embriões gerados *in vitro*. Como boa parte das características humanas – incluindo a inteligência, a predisposição para desenvolver algumas formas de câncer, a predisposição para a obesidade, e a presença de talentos excepcionais para a música ou para os esportes – resulta em larga medida de fatores genéticos, a clínica poderia fazer uma estimativa de quais embriões teriam maiores chances de desenvolver, mais tarde, tais e tais características. Os futuros pais e mães poderiam então escolher o embrião que teria mais chances não apenas de estar livre de condições que poderiam comprometer, mais tarde, a qualidade de vida da criança (pré-disposição para a obesidade ou para desenvolver algumas formas de câncer), mas que teria também maior potencial para se tornar uma pessoa com capacidades cognitivas elevadas ou com talentos especiais para a música ou para os esportes. Os demais embriões – centenas deles – seriam descartados ou oferecidos para adoção.

As implicações morais desse procedimento, caso ele venha a ser implementado um dia, seriam inúmeras. Ele poderia agravar desigualdades sociais e dar ensejo ao surgimento de um mercado genético internacional difícil de regular, pois futuros pais e mães poderiam viajar para o exterior em busca de procedimentos que são ilegais em seus próprios países. Essa prática, aliás, já tem um nome: "turismo genético". Alguns autores sugerem também que, ao manipularmos dessa forma os talentos das pessoas, estaríamos também colocando em xeque a capacidade que elas teriam para, mais tarde, poderem se reconhecer a si mesmas como pessoas autônomas, isto é, como agentes morais capazes de autodeterminação. Uma outra implicação moral importante diz respeito ao descarte de embriões. Atualmente, quando um distúrbio genético é detectado no embrião, os clínicos têm que decidir se transferem o embrião para o útero ou se o descartam. Tratar o embrião ainda não é uma opção eticamente viável ou legalmente aceitável (retornarei a esse problema no próximo capítulo).[23]

A questão sobre o estatuto moral de embriões humanos, na verdade, é um problema que independe do desenvolvimento tecnológico recente na área de reprodução humana assistida. Muito antes da emergência de novas tecnologias para a reprodução humana, a questão sobre a moralidade do aborto já era discutida. Não examinarei essa questão aqui. O que me interessa é salientar de que forma uma nova tecnologia chamada CRISPR (*Clustered Regularly Interspaced Short Palindromic Repeats*, em inglês) poderia ser utilizada para se evitar o descarte de embriões. Ao invés de selecionar apenas um entre centenas de embriões, os clínicos precisariam gerar um único embrião *in vitro*. Em seguida, o embrião poderia ser manipulado com CRISPR para aumentar as chances de que, mais tarde, ele se torne uma criança com tais e tais características. Com esse procedimento, nenhum embrião precisaria ser descartado. A questão moral relativa ao descarte de embriões, assim, poderia ser resolvida. Mas o uso de CRISPR, por outro lado, poderia gerar outro problema moral.

Do ponto de vista da pessoa que foi gerada numa clínica de fertilização, pode ser importante saber qual procedimento foi utilizado antes de seu nascimento: seleção de embriões ou manipulação genética por meio de CRISPR. Se o embrião foi manipulado com CRISPR, a pessoa tem todo o direito de se sentir grata ou, conforme o caso, ressentida por quaisquer mudanças que tenham sido efetuadas em suas características genéticas. Suponhamos que a manipulação genética com CRISPR não tenha sido bem-sucedida e que, por essa razão, a pessoa sofra de alguma anomalia como, por exemplo, dislexia – um tipo de condição de natureza genética que torna o aprendizado da leitura mais difícil para algumas pessoas. Chamemos essa pessoa de $Pessoa_1$. A $Pessoa_1$ poderia responsabilizar os pais ou a clínica pelo sofrimento que a anomalia lhe causa. Afinal, se a manipulação genética não tivesse ocorrido, a $Pessoa_1$ não teria dislexia. Imaginemos agora uma $Pessoa_2$. A $Pessoa_2$ sofre com a dislexia tanto quanto a $Pessoa_1$. No entanto, a $Pessoa_2$ não foi gerada por meio de manipulação genética envolvendo o uso de CRISPR. A $Pessoa_2$ foi gerada por meio de seleção de embriões. Entre centenas de embriões, gerados pela combinação de IVG e IVF, um embrião foi selecionado e esse embrião se tornou a $Pessoa_2$, que tem dislexia. A $Pessoa_2$ pode se sentir tão frustrada quanto a $Pessoa_1$, mas diferentemente da $Pessoa_1$, a $Pessoa_2$ não pode dizer que ela foi objeto de uma injustiça, ou que ela tem o direito de culpar os pais ou a clínica por ser, agora, uma pessoa que tem dislexia. Para a $Pessoa_2$, a única alternativa seria não ter sido selecionada e, portanto, jamais ter nascido.

O filósofo Darek Parfit foi o primeiro a chamar a atenção para esse tipo de paradoxo, muito embora ele não tivesse em mente exemplos como esse ao introduzir a discussão sobre o "problema da não-identidade" em uma de suas obras mais conhecidas, *Reasons and Persons*, de 1984.[24] Evidentemente, nós temos algum tipo de responsabilidade relativamente às gerações futuras, mas gerações futuras, de certa forma, ainda não têm identidade. Nós temos certas obrigações para com as pessoas que viverão em nosso planeta nos próximos 100 anos, mas essas pessoas ainda não existem, não são pessoas específicas, não têm ainda identidade própria. O "problema da não-identidade" tem sido objeto de muita discussão. Alguém poderia alegar, por exemplo, que, do ponto de vista jurídico e para efeitos práticos, deveríamos tratar a $Pessoa_1$ e a $Pessoa_2$ da mesma forma: se a $Pessoa_1$ tiver algum tipo de direito à reparação em função do transtorno que a dislexia lhe causa, então a $Pessoa_2$ deveria ter também o mesmo direito. Mas essa seria uma solução meramente jurídica para o problema. A solução jurídica pode ser aceitável para fins de política pública, mas as razões que a $Pessoa_1$ e a $Pessoa_2$ teriam para reclamar de suas respectivas condições continuariam sendo diferentes:

a $Pessoa_1$ reclama do que foi feito com ela quando ela ainda era um embrião. Com a $Pessoa_2$, porém, nada foi feito. Para a $Pessoa_2$, a única alternativa à vida com dislexia seria jamais ter nascido.

Evidentemente, alguém poderia alegar que tanto a seleção de embriões quanto a manipulação genética com CRISPR têm implicações morais relevantes e que, por essa razão, os dois procedimentos deveriam ser igualmente banidos para fins de reprodução humana. A única forma não problemática de reprodução humana – alguém poderia alegar – é a reprodução natural. No entanto, banir os dois procedimentos, a meu ver, não resolve o problema, apenas cria mais uma questão moral relevante. Para visualizar melhor o novo problema, imaginemos agora uma terceira pessoa que tem dislexia: a $Pessoa_3$. A dislexia causa para a $Pessoa_3$ tanto transtorno quanto causa para a $Pessoa_1$ e para a $Pessoa_2$. No entanto, vamos supor também que, diferentemente da $Pessoa_1$ e da $Pessoa_2$, a $Pessoa_3$ foi gerada naturalmente, ou seja: a sua concepção e o seu nascimento não envolveram o recurso a nenhum tipo de tecnologia para fins de reprodução humana. A questão agora então é a seguinte: a $Pessoa_3$ tem o direito de culpar os pais pelo transtorno que a dislexia lhe causa? A resposta para essa questão depende do estágio de desenvolvimento tecnológico na época em que a $Pessoa_3$ foi concebida e da disponibilidade da tecnologia para os seus pais.

Para a $Pessoa_3$, poderia ser frustrante se dar conta de que o seu problema poderia ter sido evitado – ainda que envolvesse algum risco – através do recurso a algum tipo de tecnologia. A partir da perspectiva da $Pessoa_3$, teria sido melhor se seus pais tivessem recorrido à manipulação genética, pois a seleção de embriões envolveria o "problema da não-identidade". Ou seja: se um outro embrião, que não apresentasse a mutação genética associada à dislexia, tivesse sido selecionado, a $Pessoa_3$ simplesmente não existiria. A escolha pela reprodução natural, portanto, *não* é moralmente neutra. Em circunstâncias em que um casal tiver à sua disposição as tecnologias T_1 e T_2, que permitem que uma criança seja gerada livre de uma condição que pode lhe causar algum tipo de transtorno mais tarde, o casal é moralmente responsável tanto pela utilização de T_1 ou T_2 quanto pela decisão de renunciar inteiramente ao uso de T_1 e T_2. À medida que nosso conhecimento sobre doenças genéticas aumenta, e os meios tecnológicos para evitá-las se tornam mais baratos e eficazes, pode haver um momento, no futuro, em que a concepção natural possa até mesmo se tornar uma opção irresponsável.[25]

A analogia com pílulas anticoncepcionais

As implicações éticas decorrentes do surgimento e difusão de novas tecnologias para reprodução assistida podem ser comparadas, a meu ver, com o que ocorreu com a difusão do uso de pílulas anticoncepcionais a partir da década de 1960. Pílulas anticoncepcionais foram originalmente concebidas para o tratamento de distúrbios menstruais. Com o tratamento, porém, as mulheres não engravidavam. Quando a indústria farmacêutica percebeu os efeitos contraceptivos do medicamento, a pesquisa passou a se concentrar nisso que, originalmente, parecia um efeito colateral indesejado. O uso de pílulas anticoncepcionais mudou radicalmente não apenas a vida das mulheres, mas também o mercado de trabalho e o perfil das famílias (sem contar as noites de sábado). Contraceptivos, sem dúvida, deram às mulheres um tipo de liberdade reprodutiva de que elas não dispunham até então. Mas a introdução dessa tecnologia, em nosso passado recente, teve de enfrentar a resistência de pessoas e instituições que consideravam imoral o uso de anticoncepcionais. A mesma resistência é possível constatarmos também, às vezes, relativamente à emergência de novas tecnologias para o controle da reprodução humana.

Talvez cause estranhamento a constatação de que a concepção humana possa não apenas ser evitada, mas também controlada e planejada de formas inimagináveis até bem pouco tempo. Mas antes de condenarmos moralmente a ampliação da liberdade reprodutiva que novas tecnologias proporcionam a homens e mulheres, e vermos com suspeita o mercado que vai surgindo em torno das clínicas de fertilização, devemos nos perguntar se, ao criticarmos, não estaríamos reproduzindo o mesmo tipo de atitude conservadora que levou à reprovação moral do uso de anticoncepcionais no passado.

Sugestão de audiovisual e leitura

ANVISA (Agência Nacional de Vigilância Sanitária). (2017). "1° Relatório de importação de amostras seminais para uso em reprodução humana assistida". ANVISA, Brasília, 1 de agosto de 2017.

Gavin, Jonathan; Banks, Imogen; O'Donahue, Nicole (concepção e produção). (2018). *De repente, irmãs*. (Título original da série: *Sisters*). Netflix.

Jenkins,Tamara (direção e roteiro). (2018). *Mais uma chance*. (Título original do filme: *Private life*). Netflix.

* * *

8

CRISPR: A ética da edição genômica em debate

Lendo e editando o grande livro da vida

Imagine uma longa biografia, escrita com mais de 3 bilhões de letras espalhadas ao longo de mais de 100 volumes, cada um com 1000 páginas. Esta seria a *nossa* biografia: a biografia de qualquer ser humano – pelo menos de um ponto de vista genético. Nessa enorme biografia, as únicas letras permitidas são: A, T, C e G. Estas são as letras usadas para se representar a sequência de DNA em qualquer organismo vivo. A sequência completa de DNA do indivíduo de uma determinada espécie forma o "genoma" dessa espécie. O genoma contém as instruções para a formação, crescimento, funcionamento e manutenção de qualquer ser vivo. Essas instruções estão contidas nos genes. Genes são constituídos por segmentos do genoma. Contudo, existem longos trechos do genoma que não formam genes. O genoma humano contém pouco mais de 20 mil genes, distribuídos em 23 cromossomos.[1] A extensão do genoma varia de espécie para espécie. Mas isso não quer dizer que o genoma de organismos mais complexos seja mais extenso do que o genoma de organismos menos complexos. Algumas espécies de plantas e insetos, por exemplo, possuem um genoma bem mais extenso do que o genoma de seres humanos.

A comparação do genoma humano a uma coleção contendo centenas de livros, aliás, é menos metafórica do que parece. O Wellcome Collection, um museu de ciência em Londres, tem em seu acervo a versão impressa da sequência de letras que representa toda a extensão do genoma humano (*figura 3*). As páginas impressas foram encadernadas formando 117 volumes. Cada volume mostra na lombada o número do cromossomo correspondente (numerados de 1 a 22). Os volumes com X e Y na lombada, no alto da estante, correspondem ao cromossomo 23. Os cromossomos X e Y determinam o sexo (biológico) das pessoas: mulheres têm cromossomos XX, e homens cromossomos XY.

Figura 3. 117 tomos, cada um com 1.000 páginas, contendo a sequência de letras que representa toda a extensão do genoma humano. © Wellcome Collection, Londres. O autor agradece a permissão para a publicação da imagem.

Na década de 1980, surgiu a ideia de se fazer o mapeamento de toda a extensão do genoma humano. A proposta ficou conhecida como Projeto Genoma Humano. A empreitada exigiria a participação de um grande número de pesquisadores de vários países, uma enorme quantidade de equipamentos, e recursos financeiros comparáveis àqueles que foram necessários para se enviar a primeira missão tripulada à lua. Não é de se estranhar, portanto, que vários cientistas tenham reagido com ceticismo na época, incrédulos quanto à possibilidade de se levar a cabo um projeto dessas proporções. Ainda assim, o Projeto Genoma Humano foi um sucesso. Foram necessários quase quinze anos de trabalhos, a partir de 1990, para a conclusão do projeto.

Depois que o sequenciamento do genoma humano foi estabelecido, um dos maiores desafios passou a ser ler e compreender esse livro gigantesco. Já se sabe, por exemplo, que algumas sequências do genoma humano estão associadas à manifestação de doenças hereditárias como, por exemplo, a doença de Huntington, a fibrose cística, a doença de Tay-Sachs, a beta-talassemia, a hemofilia, a anemia falciforme, etc. Mas ainda existem milhares de distúrbios de natureza genética, sem que se saibam quais são os segmentos do genoma humano associados à manifestação desses distúrbios. Compreender como segmentos específicos do genoma humano estão associados à manifestação de certas doenças é um passo fundamental para a elaboração de novas pesquisas na área médica. Mas para que novas formas de tratamento possam ser efetivamente criadas, é importante também que os pesquisadores sejam capazes não apenas de ler e de compreender o genoma. Eles devem também ser capazes de *editá-lo*.

Como o genoma é representado por uma longa sequência de letras, a manipulação de sequências de DNA é denominada de "edição genômica" ou "edição gênica". Ferramentas para edição genômica já existem há vários anos. Até poucos anos atrás as mais conhecidas eram ZINC-Finger e TALENS. No entanto, nenhuma ferramenta para edição genômica ganhou tanta notoriedade quanto o CRISPR-Cas9 – ou simplesmente CRISPR (*Clustered Regularly Interspaced Short Palindromic Repeats*). CRISPR é bem mais preciso, simples de usar, e mais barato do que outras técnicas para edição genômica. CRISPR promete uma ampla gama de aplicações. Não é exagero afirmar que CRISPR já deu início a uma nova era para pesquisas em genética e biotecnologia, com potencial para grande impacto social. Mas os limites para uma utilização eticamente aceitável de CRISPR ainda são bastante controversos.

Até agora, CRISPR já foi usado, por exemplo, na pesquisa para a criação de sementes de arroz, soja e batatas que são mais resistentes a pragas, e gramado que exige menos irrigação. O estatuto legal dessas sementes ainda é incerto em alguns países. Como elas não são produzidas através da inserção de genes de uma espécie de sementes no genoma de outra espécie, elas não contam como sementes "transgênicas". Por essa razão, sementes geneticamente editadas podem escapar às normas que se aplicam aos alimentos transgênicos. Tudo depende do modo como se define o que são OGM (Organismos Geneticamente Modificados). Nos Estados Unidos, por exemplo, o que importa para a regulação de OGM não é a tecnologia utilizada para modificação genética do organismo, mas o resultado obtido. Se o resultado for um tipo de modificação genética que poderia ter ocorrido espontaneamente na natureza, ou um tipo de característica que poderia ser obtido também por meio de técnicas tradicionais de cultivo, que já vêm sendo usadas desde os primórdios da agricultura, então a semente não é considerada um OGM. Na Europa, por outro lado, o que importa é o processo. Se alguma tecnologia for aplicada no processo de produção da semente, então a semente é considerada um OGM e, por essa razão, sua introdução no mercado exige um processo de regulação bastante rigoroso.[2] No Brasil, não havia até pouco tempo nenhuma regulação específica para tratar da produção de sementes obtidas por meio de edição genômica. Mas em 2018 a CTNBio (Comissão Técnica Nacional de Biossegurança) estabeleceu para o país um modelo parecido com aquele que vigora nos Estados Unidos. Ou seja: a utilização de CRISPR para a produção de sementes não passará pelo mesmo tipo de regulação a que são submetidos produtos transgênicos.[3] É desnecessário mencionar, no entanto, que a utilização de CRISPR não tem se limitado à edição do genoma de plantas.

Especula-se que CRISPR poderia ser usado também, por exemplo, para a produção de porcos geneticamente modificados. A ideia aqui é gerar um tipo de suíno cujo coração poderia ser transplantado em seres humanos sem o risco de rejeição ou transmissão de doenças. Xenotransplantes – como são chamados esses transplantes – reduziriam bastante o número de mortes resultantes da falta de órgãos humanos para transplante nos hospitais. Como porcos para xenotransplantes carregam simultaneamente células de suínos e células humanas, eles são denominados "quimeras", ou seres "híbridos". A empresa americana eGenesis já vem trabalhando, desde 2017, num projeto para a geração de porcos com vistas a xenotransplantes. O problema, porém, é que ainda não há um debate amplo, e menos ainda um consenso, sobre quais seriam as implicações éticas decorrentes do abate de animais que carregam células humanas.[4]

Em 2019, o governo japonês autorizou a realização de uma pesquisa envolvendo o uso de células humanas em camundongos. O objetivo da pesquisa é gerar camundongos que comecem a se desenvolver sem um órgão específico, como o pâncreas, por exemplo. O passo seguinte consiste em injetar iPSCs humanas (Células Tronco Pluripotente induzidas) no embrião do camundongo. Essas células podem se transformar em qualquer outro tipo de célula especializada (células do músculo, células do coração, neurônios, etc). O objetivo da equipe de pesquisadores japoneses é ver se as iPSCs humanas poderiam se desenvolver e se transformar em um órgão humano específico, crescendo no organismo de um animal de outra espécie. Este seria um passo preliminar para a criação de órgãos com vistas a transplante em seres humanos. Uma das condições que o governo japonês impôs para a aprovação dessa pesquisa foi a exigência de que haja um controle rigoroso da presença de células humanas no cérebro do animal. Ainda que improvável, existe algum risco de que a presença de células humanas no cérebro de outro animal poderia conferir ao animal qualidades humanas como, por exemplo, um grau mais elevado de inteligência, ou algum tipo de sensibilidade que torne o experimento, nesse caso, eticamente inaceitável.[5]

CRISPR também já foi usado para se editar o genoma das espécies de mosquitos que transmitem a malária, a zika, e a dengue com o objetivo de torná-los incapazes de transmitir a doença ou de se reproduzir. Por outro lado, ainda não existe nenhum consenso sobre os protocolos de segurança que teriam de ser observados para a liberação de mosquitos geneticamente editados no ambiente. Na pecuária brasileira, CRISPR já tem sido utilizado, por exemplo, para tornar a carne do gado de corte mais macia. Uma firma americana chamada Recombinetics, com ramificação no Brasil, utilizou CRISPR na geração de gado sem chifre. Seu objetivo foi reduzir a incidência de ferimentos entre animais que vivem em espaço confinado.[6]

Se algumas aplicações de CRISPR podem talvez soar controversas, outras, por outro lado, parecem assustadoras. Como CRISPR é uma ferramenta relativamente barata e fácil de empregar, existe o perigo de que CRISPR venha a ser utilizado no desenvolvimento de armas biológicas. Isso poderia ocorrer, por exemplo, da seguinte forma: existem hoje poucas amostras do vírus da varíola, praticamente erradicado do planeta graças aos esforços de vacinação mundial ao longo do século XX. As únicas amostras do vírus, ainda hoje existentes, se encontram em dois laboratórios de segurança máxima. Um laboratório fica em Atlanta, nos Estados Unidos; o outro, em Moscou. Contudo, existem outros tipos de vírus que são geneticamente bastante parecidos com o vírus que foi erradicado no século passado, só que muito menos perigosos. O vírus da varíola bovina é um deles. Alguns pesquisadores sugerem, então, que alguém poderia tentar utilizar CRISPR para editar o vírus da varíola bovina de modo a torná-lo tão letal quanto o vírus da varíola que matou mais de 500 milhões de pessoas só no século XX. Em 2016, autoridades americanas publicaram um boletim no qual sugerem que armas com organismos geneticamente editados seriam mais fáceis e baratas de produzir, e muito mais difíceis de controlar, do que armas nucleares. Elas só não seriam menos devastadoras.[7]

Como se pode perceber, CRISPR pode ser utilizado para a modificação do genoma de qualquer organismo vivo, seja para fins nobres como a erradicação de doenças, ou para fins abomináveis como a produção de armas biológicas. No entanto, nenhuma aplicação de CRISPR tem suscitado tanto debate nos últimos anos quanto a sua utilização em embriões humanos. No Brasil, a Lei número 11.105, de 2005, também conhecida como Lei de Biossegurança, proíbe explicitamente a "engenharia genética" em células humanas. Em outros países, porém, a situação é bem diferente.

Editando embriões humanos, mas sem gerar um bebê

Em abril de 2015, uma equipe de cientistas chineses publicou um artigo sobre o uso de CRISPR em um experimento envolvendo 86 embriões humanos. O objetivo era investigar a possibilidade de cura para um distúrbio sanguíneo hereditário chamado beta-talassemia. Os embriões usados no experimento eram "não-viáveis", o que significa dizer que eles não tinham a capacidade de se desenvolver e de se transformar em fetos humanos, mesmo se tivessem sido transferidos para o útero materno com o fim de dar início a uma gestação. Ainda assim, a notícia de que cientistas haviam – pela primeira vez – manipulado o genoma humano provocou uma cascata de críticas tanto dentro da comunidade científica quanto na sociedade em geral. Alguns cientistas e bioeticistas (pesquisadores que se ocupam de questões de bioética) argumentaram que o experimento era eticamente inaceitável. Eles chegaram a propor uma "moratória" internacional para qualquer pesquisa que envolvesse a edição de células embrionárias humanas. Mas outras pessoas celebraram o experimento e viram nele o início de uma nova era, que poderia um dia levar à cura de várias doenças, incluindo a AIDS e várias formas de câncer.

Após o alvoroço causado pela publicação do artigo dos cientistas chineses em 2015, um fórum global foi criado para debater as diversas questões éticas decorrentes do uso de CRISPR em células humanas. O fórum foi chamado de "Cúpula Internacional sobre a Edição do Genoma Humano" (*International Summit on Human Gene Editing*). O primeiro encontro ocorreu em dezembro de 2015, em Washington, na National Academies of Sciences. O segundo encontro ocorreu em Hong Kong, em novembro de 2018. Ambos os encontros reuniram diversos cientistas, políticos, filósofos e representantes de grupos religiosos de todo o mundo. No início de 2017, a National Academies of Sciences publicou um relatório, sob a forma de livro, com recomendações para um uso ético de CRISPR em células humanas. Outras instituições de reputação internacional bem como grupos de liderança na área de pesquisa em genética e biotecnologia também publicaram – e continuam publicando – suas próprias recomendações para um uso eticamente aceitável dessa nova técnica.

Há agora, de modo geral, um consenso de que as pesquisas envolvendo o uso de CRISPR em células humanas não devem ser objetos de uma moratória mundial. Essas pesquisas são importantes para a compreensão de diversas doenças que afligem os seres humanos. Mas essas pesquisas, por outro lado, ainda não podem ter como objetivo a edição de embriões humanos para posterior implantação num útero. Ou seja: os embriões não podem se desenvolver e dar início a uma gestação. Apesar de todos os benefícios que representa para a área médica, CRISPR ainda é uma ferramenta muito recente para que possa ser utilizado de modo seguro com o fim de se gerar uma criança. Se algo der errado durante o processo de edição, e uma mutação inesperada ocorrer (*off-target mutation*, em inglês), as próximas gerações também serão afetadas. É possível que algumas das mutações *off-target*, resultantes de uma edição malsucedida, não sejam detectadas antes do nascimento da criança. É possível, inclusive, que a mutação se manifeste apenas numa geração subsequente. No estágio atual da pesquisa científica, CRISPR ainda está longe de ser suficientemente confiável para impedir a ocorrência de mutações *off-target*. E mesmo que a edição ocorra como esperado, é preciso considerar também que nosso conhecimento sobre o modo como genes exprimem doenças ainda é bastante incipiente. Muitos genes manifestam mais de uma característica de modo que uma doença bem-conhecida poderia talvez ser evitada por meio de edição genômica, mas com o risco de consequências danosas e ainda desconhecidas para a saúde das pessoas. Talvez muitos anos de pesquisa sejam necessários até que CRISPR, ou alguma outra ferramenta de edição genômica, sejam consideradas suficientemente seguras para aplicação em embriões com vistas à geração de uma criança.

As principais diretrizes éticas propostas por bioeticistas e cientistas a partir de 2015 passaram a ser endossadas pela comunidade científica internacional. De fato, a partir de 2016, novas pesquisas envolvendo o uso de CRISPR em embriões humanos começaram a ser realizadas na Inglaterra, Suécia, Estados Unidos, e China. Essas pesquisas contaram com a autorização prévia dos órgãos competentes dos países em que foram realizadas e nenhuma delas tinha como objetivo gerar um bebê.

Lulu e Naná

Em abril de 2016, um ano após a publicação do artigo que desencadeou o debate global sobre a ética da edição genômica em embriões humanos, uma nova equipe de cientistas chineses publicou um artigo sobre o uso de CRISPR em 213 embriões humanos. A ideia era a seguinte: algumas pessoas são naturalmente imunes ao vírus HIV. Como já se conhece o trecho do genoma humano associado a esse tipo de característica (um gene conhecido como *CCR5* localizado no cromossomo de número 3), a equipe de pesquisadores chineses tinha como objetivo utilizar CRISPR para induzir uma mutação que tornasse os embriões imunes ao vírus HIV. Os embriões, assim, adquiririam características que poucas pessoas têm. O experimento, porém, não foi um grande sucesso porque vários embriões acabaram apresentando mosaicismo. Ou seja: nem todas as células foram editadas corretamente, o que resultou numa espécie de – como o nome sugere – "mosaico" de células editadas e células não-editadas. A ocorrência de mosaicismo pode comprometer severamente a saúde da pessoa. É desnecessário dizer que, tal como ocorreu no experimento de abril de 2015, a equipe de pesquisadores não tinha como objetivo dar início a uma gestação, independentemente da ocorrência ou não de mosaicismo ou de mutações *off-target*. Além disso, os embriões usados nesse experimento eram "não-viáveis". No artigo publicado em 2016, a equipe chinesa reiterou seu comprometimento com as diretrizes que a comunidade científica havia proposto:

> Acreditamos que qualquer tentativa de gerar seres humanos geneticamente modificados através da modificação de embriões em seus primeiros estágios de desenvolvimento precisa ser estritamente proibida até que possamos resolver questões éticas e científicas.[8]

Curiosamente, porém, diferentemente do que havia ocorrido um ano antes, dessa vez o experimento com CRISPR mal foi relatado na imprensa. Ele causou bem menos alvoroço e consternação do que o primeiro experimento, em abril de 2015. Isso deve ter ocorrido, possivelmente, porque várias instituições de reputação internacional e grupos de liderança na pesquisa em genética e biotecnologia já haviam proposto diretrizes para uma utilização eticamente aceitável de CRISPR em embriões humanos. Em outros países, novos experimentos começaram a ser realizados também.

Algumas aplicações de CRISPR em células humanas têm sido menos controversas porque elas envolvem a edição de células somáticas. Quando células somáticas são editadas, a modificação obtida não é legada para a geração seguinte. Isso significa dizer que a "linha germinal" ou "linha germinativa" (*germline*, em inglês) da pessoa não é alterada. Mas quando a edição ocorre em células reprodutivas (espermatozoides e óvulos), ou nas células de um embrião nos primeiros estágios de desenvolvimento, as alterações são transmitidas para os descendentes da pessoa. Em 2016 ocorreram pelo menos dois importantes experimentos que envolveram a utilização de CRISPR em células somáticas de seres humanos. Um deles contou com o apoio do Instituto Nacional de Saúde (*National Institute of Health*), nos Estados Unidos. O objetivo, nesse caso, era investigar novos métodos de tratamento contra o câncer. Alguns meses depois, ainda em 2016, uma equipe de pesquisadores, na China, utilizou CRISPR para editar células humanas fora do corpo humano. As células foram então injetadas em um paciente com câncer de pulmão.

Embora a edição de células somáticas seja menos controversa do que a edição de células reprodutivas e de células embrionárias, ainda assim existem boas razões para não se restringir a pesquisa com

CRISPR ao uso em células somáticas. Algumas doenças genéticas são tão graves que os indivíduos afetados não costumam sobreviver até a idade em que a maioria das pessoas começa a ter filhos. A expectativa de vida de pessoas com distrofia muscular de Duchenne, por exemplo, é entre 19 e 26 anos. CRISPR já vem sendo utilizado em pesquisas que visam buscar um tratamento para prolongar a vida de pessoas portadoras dessa doença. O tratamento daria a elas a oportunidade de constituir uma família e ter filhos e de levar uma vida como a de muitas outras pessoas. Mas o tratamento não impedirá que seus descendentes sejam portadores da doença. A edição genômica de células embrionárias, por outro lado, poderia eliminar esse risco, assumindo-se, é claro, que a edição genômica possa se tornar algum dia suficientemente segura para se gerar um bebê de modo eticamente aceitável.[9]

No início de 2016, uma equipe de cientistas do Instituto Francis Crick, na Inglaterra, recebeu sinal verde do governo britânico para empregar CRISPR numa pesquisa com embriões humanos. O objetivo era estudar a genética do desenvolvimento embrionário. E novamente, tal como nos dois experimentos anteriores, realizados na China, os embriões editados na Inglaterra não poderiam, sob hipótese alguma, ser utilizados para dar início a uma gravidez. Os resultados da pesquisa no Instituto Francis Crick foram publicados em 2017. Ainda em 2016, pesquisadores do Instituto Karolinska, na Suécia, também obtiveram autorização para a realização de experimentos envolvendo o uso de CRISPR em embriões humanos. As condições impostas pelas autoridades suecas eram as mesmas: nenhuma criança geneticamente editada poderia nascer como parte do experimento. Além disso, os embriões humanos não poderiam ser gerados para o propósito específico do experimento. A diferença, porém, é que os embriões usados pelos pesquisadores suecos eram viáveis. Se fossem transferidos para o útero, esses embriões teriam boas chances de se desenvolver e de se transformar num bebê.[10] Esta foi a primeira pesquisa que envolveu a edição de embriões humanos viáveis. Até então, apenas embriões não-viáveis haviam sido utilizados.

Embriões não-viáveis surgem, por exemplo, quando dois espermatozoides fecundam o mesmo óvulo simultaneamente. O resultado (quase sempre) é um aborto espontâneo. Quando um embrião não-viável surge *in vitro* (fora do corpo da mulher), numa clínica de fertilização, o resultado é o descarte, pois a equipe médica, por razões óbvias, não pode transferir um embrião não-viável para o útero materno. Como a equipe médica estará descartando um embrião que, de todo modo, seria igualmente descartado pelo corpo da mulher, a utilização de embriões não-viáveis para a pesquisa científica não costuma ser vista como um grande problema ético. Por outro lado, justamente por serem embriões anormais, a pesquisa com embriões não-viáveis acaba não sendo um modelo muito confiável sobre a genética de embriões humanos saudáveis. O que parece uma vantagem, do ponto de vista ético, acaba sendo uma desvantagem do ponto de vista científico. E a desvantagem do ponto de vista científico tem implicações éticas também. Sem sabermos o que ocorre com o uso de CRISPR em embriões normais, não podemos saber com precisão quais são os benefícios e riscos que o uso clínico de CRISPR pode ter no futuro. Em 2017 ocorreram, então, dois experimentos importantes com embriões viáveis: um na China, o outro nos Estados Unidos. Mas diferentemente do primeiro experimento com embriões viáveis, que ocorreu na Suécia, esses novos experimentos envolveram o uso de embriões que foram gerados para o propósito específico da investigação científica. Ainda assim, as diretrizes éticas que haviam sido estipuladas anteriormente continuaram valendo. Ou seja: eles não poderiam ser utilizados para se gerar um bebê. Vejamos.

Em março de 2017, pesquisadores chineses publicaram os resultados a respeito do uso de CRISPR em seis embriões humanos viáveis. O objetivo da equipe era corrigir mutações que levam ao surgimento de duas diferentes doenças genéticas: o "favismo" (deficiência em glucose-6-fosfato desidrogenase) e a beta-thalassemia. Para que os embriões tivessem uma dessas duas doenças os óvulos utilizados no experimento tiveram de ser fecundados com espermatozoides de homens que eram portadores dessas anomalias. A correção foi completa em um dos embriões. Mas, em outros dois embriões, a correção foi apenas parcial. Ou seja: esses dois embriões apresentaram mosaicismo. Nos demais, a correção não ocorreu. Esse experimento foi recebido com entusiasmo pela comunidade científica internacional porque representa um passo importante para a descoberta de cura para doenças genéticas graves. A cura, nesse caso, ocorreria durante o estágio embrionário de desenvolvimento humano.[11] O procedimento, por essa razão, pode ser descrito como um tipo de "cirurgia genética".

Em julho de 2017, uma equipe de cientistas americanos, coreanos e chineses realizou o primeiro experimento com CRISPR em embriões humanos nos Estados Unidos. O grupo foi liderado por Shoukhrat Mitalipov. O objetivo era tentar corrigir a mutação genética responsável pela ocorrência da cardiomiopatia hipertrófica, uma doença cardíaca que aflige uma em cada 500 pessoas em todo o mundo. A cardiomiopatia hipertrófica afeta igualmente homens e mulheres e não tem cura. Os espermatozoides de um doador, portador de cardiomiopatia hipertrófica, foram utilizados para fecundar vários óvulos *in vitro*. A mutação foi corrigida na maior parte dos óvulos. Por outro lado, a exemplo do que ocorreu em outros experimentos, a ocorrência de mosaicismo não pode ser evitada em todos os embriões.[12] Ainda assim, esse experimento representa outro passo importante para a cura – durante o desenvolvimento embrionário – de doenças que comprometem a qualidade de vida de milhares de pessoas em todas as partes do mundo. Notícias sobre esse experimento circularam na imprensa mundial e tiveram repercussão também no Brasil. Em uma entrevista de 2017 (reproduzida como último capítulo deste livro), uma jornalista me perguntou se, diante do rápido desenvolvimento das pesquisas com CRISPR, eu acreditava que um bebê geneticamente modificado nasceria em breve em algum lugar do mundo. Para mim, a resposta parecia clara:

– Acredito que não. É pouco provável que isso venha a ocorrer nos próximos anos.

Eu estava errado. E se me serve de consolo, poucas pessoas na comunidade científica internacional teriam dado uma resposta diferente na época. Mas dois anos depois, na véspera do segundo encontro da "Cúpula Internacional sobre a Edição do Genoma Humano", em Pequim, um pesquisador chinês comunicou ao mundo, pelo YouTube, que Lulu e Naná tinham acabado de nascer. Esses são nomes fictícios, usados pelo pesquisador chinês para se referir a duas gêmeas cujos nomes reais não foram revelados. O pesquisador comunicou ainda que, até aquele momento, estava em gestação uma terceira criança cujo genoma ele havia editado também. O experimento realizado por He Jiankui representou uma grave violação das diretrizes éticas propostas nos últimos anos e, provavelmente, uma infração da legislação chinesa.[13]

O objetivo de He Jiankui era permitir que homens infectados com o vírus HIV pudessem gerar uma criança livre da doença (AIDS). A medida geralmente empregue nesses casos é submeter o sêmen a um processo conhecido como *sperm wash.* Como o nome sugere em inglês, o procedimento "lava" os espermatozoides, separando-os do vírus HIV. No entanto, o objetivo do pesquisador não era simplesmente garantir o nascimento de uma criança *livre* de AIDS – o que poderia ter sido feito com *sperm wash.* Seu objetivo era dar um passo além: ele pretendia gerar uma criança *imune* ao vírus HIV. Até o momento da redação deste capítulo (setembro de 2019), pouco se sabia sobre o estado de saúde de Lulu e Naná e menos ainda sobre o nascimento da terceira criança. Além disso, He Jiankui gerou *in vitro* mais embriões do que poderia transferir para o útero materno. Os demais embriões foram congelados.[14] Esse procedimento, como vimos no capítulo anterior, é frequentemente adotado em clínicas de fertilização em várias partes do mundo. Se o organismo da mulher expelir os embriões implantados na primeira tentativa de se gerar uma gravidez, uma nova tentativa pode ser feita com os embriões que foram previamente congelados. Com isso, evita-se que a mulher tenha de passar novamente pelo procedimento cirúrgico necessário para a retirada dos óvulos para a fertilização *in vitro.* No entanto, as autoridades chinesas não divulgaram informações sobre o que aconteceu – ou o que acontecerá – com os embriões congelados. Órgãos internacionais que acompanham as atividades de censura do governo chinês afirmam que o caso envolvendo o nascimento de Lulu e Naná esteve entre os dez mais censurados em 2018 na China. A censura, evidentemente, dificulta a circulação de informações precisas sobre o estado de saúde das gêmeas, sobre o nascimento da terceira criança, ou sobre as razões que He Jiankui poderia talvez alegar em favor da realização de experimentos que entram claramente em conflito com as principais diretrizes éticas para a utilização de CRISPR em células humanas. O mais provável, segundo relatos do próprio pesquisador e de avaliações publicadas em boletins científicos internacionais, é que a edição teria sido um sucesso em apenas uma das gêmeas, e que na outra, provavelmente, teria ocorrido mosaicismo. É desnecessário enfatizar que as diretrizes éticas propostas pela comunidade científica internacional não têm força de lei. E mesmo que elas sejam adotadas por alguns Estados, isso não é nenhuma garantia de que elas serão incorporadas à legislação de *todos* os Estados. Como não existem normas de âmbito internacional nessa área, não há, por ora, nenhuma garantia de que o nascimento das duas gêmeas chinesas se torne um caso isolado, que não vai se repetir nos próximos anos. Pelo contrário.

A reação negativa da comunidade científica internacional não foi suficiente para dissuadir o geneticista russo Denis Rebrikov a comunicar, em junho de 2019, sua intenção de levar a cabo um procedimento análogo àquele realizado por He Jiankui em novembro de 2018. Ou seja: tal como ocorreu na China, o pesquisador russo pretende usar CRISPR para gerar uma criança imune ao vírus HIV. Até o momento, porém, não é claro se os órgãos competentes do governo russo aprovarão o experimento.[15]

Neste capítulo, eu descrevi alguns dos principais problemas éticos que o uso de CRISPR em embriões humanos envolve. Eu me concentrei em questões relacionadas ao uso terapêutico de CRISPR. Ou seja: eu me detive no exame da utilização de CRISPR para fins de tratamento de doenças, especialmente durante o estágio embrionário de desenvolvimento humano. Mas é importante deixar claro que CRISPR poderia ser utilizado também para fins não-terapêuticos. A edição genômica poderia ser utilizada, pelo menos em princípio, não apenas para se evitar o nascimento de uma criança com essa ou aquela anomalia genética, mas para fazer com que ela tenha características especiais como, por exemplo, inteligência mais elevada ou força física superior à normal. Isso seria um exemplo de busca por "aprimoramento humano" (*human enhancement*, em inglês). Vamos supor que, um dia, CRISPR se torne suficientemente eficaz e seguro para uso em embriões humanos. Isso representaria um grande avanço médico. Mas, nesse caso, seria eticamente aceitável recorrermos à edição genômica para fins não-terapêuticos também? Ou seja: para gerar, por exemplo, um *super-baby*. Essa é uma questão ética diferente daquela sobre a qual me concentrei neste capítulo. É por essa razão que preferi tratar desse problema em capítulos à parte, como veremos a seguir na terceira parte deste livro.

Sugestão de audiovisual e leitura

Andrew Niccol (direção e roteiro). (1997). *Gattaca*. (Título original do filme: *Gattaca*). Estados Unidos: Columbia Pictures (distribuição).

Dall'Agnol, Darlei. (2016). "Edição do genoma humano: Algumas reflexões éticas". In: Coluna ANPOF, 6 de outubro de 2016.

Klein, Ezra; Posner, Joe. (2018). "DNA Projetado" (filme documentário, 17 min). In: *Explicando*, Temporada 1, Episódio 2. Netflix. (Título original do episódio: "Designer DNA". Título original da série: *Explained*).

Zatz, Mayana. (2011). *Genética: Escolhas que nossos avós não faziam*. São Paulo: Globus.

* * *

PARTE III
Aprimoramento Humano

9

O que é a ética do aprimoramento humano?

"Como que senhores e possessores da natureza..."

A investigação científica não pode prescindir de um método, de um conjunto de regras sobre como proceder para aumentarmos nosso conhecimento sobre o mundo natural. Isso pode parecer trivial hoje em dia. Mas nos primórdios da ciência moderna, no início do século XVII, isso ainda não era tão claro. Faltava à prática científica uma teoria geral acerca da própria natureza da investigação científica. No início da época moderna, alguns filósofos, então, se deram conta de que não bastava fazer ciência, tal como, por exemplo, Galileu, Copérnico ou Kepler já vinham fazendo. Era preciso também explicar o que os cientistas estavam fazendo quando eles estavam fazendo ciência. Ou seja: quais eram as regras que eles seguiam? Quais eram as regras que aspirantes a cientistas deveriam seguir também? René Descartes não foi o primeiro filósofo a refletir acerca da natureza do método científico na época moderna. Mas ele foi certamente o mais ambicioso.

Descartes não estava interessado em descrever o modo de procedimento neste ou naquele domínio específico de investigação científica, mas nas ciências de modo geral. Sua obra mais conhecida, o *Discurso do Método*, publicada em 1637, tem como subtítulo: *"Para bem conduzir a razão e buscar a verdade nas ciências"*. No *Discurso do Método*, Descartes procura mostrar como ele próprio aplicou o método na astronomia, na matemática, na ótica, e até na investigação sobre o funcionamento do coração. Para Descartes, a investigação sobre o método científico não era um simples exercício teórico, que diria respeito apenas à "filosofia especulativa". Por meio do método, afirma Descartes, poderíamos também obter "conhecimentos muito úteis à vida." Na mesma passagem, Descartes afirma ainda que, graças à utilização do método, poderíamos "nos tornar como que senhores e possessores da natureza".[1] Alguns autores interpretam essa passagem do *Discurso do Método* como uma espécie de prenúncio da civilização tecnológica dos dias atuais.[2] Afinal, por meio da aplicação sistemática do método científico, passamos a controlar o curso dos rios para gerar energia; manipulamos vírus para produzir vacinas; enviamos sondas para a lua, marte e outros planetas; criamos animais e plantas que jamais teriam existido sem a intervenção de seres humanos. Descartes tinha razão: nós nos tornamos como que "senhores e possessores da natureza". Mas foi só nas últimas décadas que passamos a observar também um desdobramento mais recente, e ainda pouco estudado, da ciência moderna: a perspectiva de aplicarmos o método científico não apenas para nos tornamos "senhores e possessores" da natureza ao nosso redor, mas para dominarmos e modificarmos a própria natureza humana.

Durante muito tempo, os desenvolvimentos tecnológicos que fazem jus à afirmação de Descartes não foram tão abrangentes a ponto de se estenderem ao próprio corpo humano. A aplicação do método científico na área médica tem, de fato, proporcionado tratamento para inúmeras doenças. Mas tecnologias médicas não foram tradicionalmente desenvolvidas para se melhorar e modificar o corpo de pessoas saudáveis. A tentativa de se recorrer a tecnologias médicas para melhorar nosso desempenho em um amplo espectro de atividades, independentemente da ocorrência ou não de alguma doença, passou a ser conhecida como busca por "aprimoramento" ou "aperfeiçoamento humano" (*human enhancement*, em inglês). É claro que a palavra "aprimoramento" pode ser utilizada para nos referirmos também a métodos que não envolvem o uso de novas tecnologias. Um atleta, por exemplo, pode adotar uma rotina de treinos e uma dieta balanceada para melhorar o seu desempenho nos esportes. Um estudante pode ingerir várias xícaras de café ao longo do dia para melhorar o seu rendimento nas provas. Nesses casos, não se recorre a nenhuma tecnologia médica para se melhorar o desempenho físico nos esportes ou o desempenho cognitivo nos estudos. No entanto, eu usarei aqui a palavra "aprimoramento" para me referir a métodos que visam melhorar nosso desempenho através do uso de tecnologias médicas. A busca por aprimoramento humano nos esportes já é bem conhecida: muitos atletas, que não apresentam nenhum quadro clínico que exija algum tipo de tratamento, vêm recorrendo a medicamentos e procedimentos médicos na tentativa de melhorar o seu desempenho em competições esportivas. Os esportes, porém, não são o único âmbito de atividade em que a busca por "aprimoramento" vem ocorrendo. E assim como ocorre nos esportes, a busca por aprimoramento em outros âmbitos de atividade humana também envolve uma série de questões morais.

Tratamento e aprimoramento

De modo geral, ninguém nega que pessoas que sofrem de alguma doença, síndrome ou transtorno têm o direito de buscar tratamento para melhorar a sua saúde. A própria Constituição brasileira garante isso em seu Artigo 196:

> A saúde é direito de todos e dever do Estado, garantido mediante políticas sociais e econômicas que visem à redução do risco de doença e de outros agravos e ao acesso universal e igualitário às ações e serviços para sua promoção, proteção e recuperação.

Entre as ações que visam à "promoção, proteção e recuperação" da saúde das pessoas estão também, além de "políticas sociais e econômicas", o desenvolvimento e a difusão de diversos tipos de tecnologias médicas como, por exemplo, novos procedimentos cirúrgicos, novos medicamentos, terapias genéticas inovadoras, próteses sofisticadas, ou o uso de aparelhos eletrônicos que podem ou não ser implantados no organismo humano. Novas tecnologias médicas têm proporcionado cura para diversas doenças que, até poucas décadas, eram consideradas incuráveis. E na impossibilidade de proporcionar uma cura, novas tecnologias muitas vezes proporcionam tratamento para uma diversidade de condições que comprometem a qualidade de vida das pessoas.

Ocorre, porém, que novas tecnologias podem também, em algumas circunstâncias, proporcionar às pessoas mais do que o simples tratamento para uma doença, síndrome, ou desordem. Elas podem também proporcionar um melhoramento ou aprimoramento de suas capacidades físicas ou mentais. A demanda pelo uso de novas tecnologias para fins de tratamento é inteiramente legítima. Mas o que devemos pensar do recurso a novas tecnologias médicas para fins de aprimoramento humano? Afinal, uma coisa é a pessoa sofrer, por exemplo, de anemia crônica e, por essa razão, fazer uso de EPO (Eritropoetina sintética) para tratar sua anemia; outra coisa é a pessoa não sofrer de anemia ou problema semelhante, mas fazer uso de EPO para poder correr numa maratona ou participar do Tour de France. Uma coisa é a pessoa sofrer de TDAH (Transtorno do Déficit de

Atenção com Hiperatividade) e fazer uso de metilfenidato (Ritalina) para que possa ter um rendimento escolar satisfatório; outra coisa é a pessoa não ter TDAH, ou transtorno semelhante, mas fazer uso de Ritalina para ter um rendimento cognitivo que a ajude a passar nas provas da faculdade ou em algum concurso público. Uma coisa é um paratleta, que teve as duas pernas amputadas, utilizar uma prótese do tipo Flex-Foot (*figura 4*) para competir nos Jogos Paraolímpicos contra outros paratletas nas mesmas condições; outra coisa é o mesmo paratleta competir com atletas normais na expectativa de, com as próteses, correr mais rápido do que os demais. (Em 2012 Oscar Pistorius competiu tanto nos Jogos Olímpicos quanto nos Jogos Paraolímpicos com próteses do tipo Flex-Foot. Embora ele não tenha ganhado nenhuma medalha nos Jogos Olímpicos, vários atletas protestaram com a alegação de que as próteses conferiam a Pistorius uma vantagem desleal sobre os demais, que não usavam próteses. A expressão "doping tecnológico" foi utilizada várias vezes em referência à vantagem que Pistorius, aparentemente, tinha sobre os outros atletas. O Comitê Olímpico decidiu então que não permitiria mais a participação de paratletas com próteses do tipo Flex-Foot nos Jogos Olímpicos).[3] Uma coisa é um casal, que tem um histórico de doenças congênitas na família, recorrer a uma clínica de fertilização para tentar evitar o nascimento de uma criança com, por exemplo, distrofia muscular de Duchenne; outra coisa seria o casal recorrer aos serviços de uma clínica de fertilização com o objetivo não apenas de selecionar um embrião livre de doenças congênitas, mas de solicitar que o embrião seja editado para se tornar, mais tarde, uma criança imune ao vírus HIV, ou com inteligência acima da média. Uma coisa é o homem que, digamos, aos 25 anos de idade apresenta sinais de disfunção erétil e faz uso de citrato de sildenafila (Viagra) para poder levar uma vida sexual normal; outra coisa é um jovem da mesma idade, sem quaisquer sinais de disfunção erétil, fazer uso de Viagra para se passar por super-homem ao se deitar com a namorada.

O mesmo medicamento ou procedimento que serve para o tratamento de alguma doença, síndrome, ou desordem, pode também muitas vezes ser usado para fins de aprimoramento. Ou seja: para fins que vão além da busca por tratamento. A ética do aprimoramento humano diz respeito à moralidade desse tipo de prática. A pergunta que se coloca aqui então é a seguinte: é eticamente aceitável recorrermos a novas tecnologias para elevarmos as nossas faculdades físicas ou cognitivas a um nível de rendimento superior àquele considerado normal?

Figura 4. Prótese do tipo Flex Foot criada por Van Phillips. © iStock.

Antes examinar algumas das respostas que vêm sendo dadas a essa pergunta no debate filosófico sobre a ética do aprimoramento humano, eu gostaria de chamar atenção para dois problemas distintos. Um diz respeito ao tipo de tecnologia que se usa como *método* para o aprimoramento. O outro diz respeito ao tipo de *capacidade humana* que se visa aprimorar. Os métodos de aprimoramento podem ser bastante diversos, tais como, por exemplo:

- Medicamentos (metilfenidato; modafinil)
- Próteses (Flex-Foot)
- Procedimentos cirúrgicos inovadores (cirurgia Tommy John)
- Implantes de aparelhos eletrônicos (Cochlear; DBS *i.e.* Deep Brain Stimulation)
- Aparelhos eletrônicos externos (tDCS *i.e.* Transcranial Direct Current Stimulation)
- Engenharia genética (seleção de embriões; edição genômica com CRISPR)

Por outro lado, as capacidades humanas, relevantes para o debate sobre a ética do aprimoramento humano, podem ser *capacidades físicas* ou *capacidades cognitivas*. No caso de capacidades físicas, alguém pode ter interesse em aprimorar, por exemplo, a altura de uma pessoa por meio da administração de hormônios, ou a sua resistência à fadiga através da administração de EPO. A busca pelo aprimoramento físico é bastante comum nos esportes, ainda que a palavra "aprimoramento" não seja usada com frequência nas discussões sobre doping entre atletas. No caso de capacidades cognitivas, o que se tem geralmente em mente é a capacidade que uma pessoa tem, por exemplo, para focar sua atenção sobre uma tarefa por um longo período de tempo (estudar para uma prova, por exemplo); a capacidade para se lembrar do conteúdo estudado; ou para encontrar soluções para problemas que envolvem o raciocínio lógico. Não existe uma definição de capacidade cognitiva que seja aceita de modo consensual entre psicólogos, filósofos, psiquiatras, e cientistas da cognição. Mas há, por outro lado, um reconhecimento de que capacidades cognitivas incluem habilidades que, de modo geral, as pessoas vão gradualmente perdendo com o avançar da idade, quando começam a ter dificuldades, por exemplo, para se lembrar de nomes, para decorar novas palavras, ou para ordenar eventos em ordem cronológica. Algumas doenças como a doença de Alzheimer, doença de Parkinson, e demência podem comprometer severamente as capacidades cognitivas de uma pessoa.

Existem também outras capacidades humanas que são discutidas no debate filosófico sobre a ética do aprimoramento humano, mas que não são comumente descritas em termos de *capacidades físicas* ou *capacidades cognitivas*. A capacidade que temos, por exemplo, para nos imaginar no lugar de outra pessoa em situações moralmente relevantes. Ou a capacidade para reconhecer certas situações como sendo justas ou injustas. Ou a capacidade para reagirmos com indignação diante de uma cena de estupro. Essas são *capacidades morais* importantes e às quais nos referimos com nomes como, por exemplo, senso de justiça, virtudes, empatia, sentimentos morais, etc. No dia a dia, algumas pessoas parecem mais inclinadas a se comportar de modo altruísta, ou de modo justo, do que outras pessoas. Mas por que isso ocorre? Porque elas simplesmente decidiram se comportar de modo justo ou altruísta? Ou será que isso ocorre porque fatores socioeconômicos contribuíram para que elas sejam mais generosas e empáticas do que outras pessoas? Não é minha intenção aqui discutir as teorias propostas por filósofos e sociólogos acerca da capacidade que temos para nos comportar de modo justo ou injusto, generoso ou egoísta em uma diversidade de situações. É claro que temos a capacidade de deliberar sobre o que devemos ou não devemos fazer. E é claro também que o meio social em que uma pessoa é educada acaba tendo grande influência sobre o modo como ela se comporta e toma decisões em diversas situações moralmente relevantes – em situações em que nos perguntamos, por exemplo, se devolveremos ou não a carteira cheia de dinheiro que encontramos na rua; se doaremos ou não um rim para uma pessoa que mal conhecemos. É possível que o nosso comportamento, em situações moralmente relevantes, não esteja subordinado apenas às nossas deliberações racionais ou às convenções vigentes na sociedade em que crescemos e somos educados.

Nas últimas décadas, diversas pesquisas, realizadas no âmbito das neurociências, da genética, e da teoria da evolução vêm se ocupando das mesmas questões de que cientistas sociais e, sobretudo, filósofos vêm se ocupando há séculos: o que nos leva a agir dessa ou daquela maneira em situações moralmente relevantes? E o que essas pesquisas sugerem é que nossas capacidades morais resultam, pelo menos em parte, de pressões evolucionais, de fatores genéticos, e da influência de certas substâncias como dopamina e oxitocina em nosso organismo.[4] A tentativa de se compreender nossas capacidades e disposições como o resultado de pressões evolucionais, ou de fatores genéticos, ou da influência de certas substâncias como dopamina e oxitocina em nosso organismo é bastante recente e não poderia ter surgido como um problema relevante para a filosofia moral ou para as ciências sociais anteriormente à emergência e consolidação de disciplinas como a teoria da evolução, a genética e as neurociências. Mas agora, em função da constatação de que certos fatores, sobre os quais não temos nenhum controle deliberativo ou institucional, também podem contribuir para (ou talvez até mesmo determinar) a existência de certas capacidades e disposições em nós, surge a pergunta sobre o modo como a sociedade deve lidar com isso. Ou seja: como conciliarmos, por exemplo, o desenho institucional do direito penal com a constatação de que determinados genes, que o indivíduo não escolheu ter, podem contribuir para a expressão de comportamentos mais agressivos, ou para uma disposição mais fraca para participar de esquemas cooperativos de longo prazo?

Em 2009, um tribunal italiano decidiu reduzir de 9 para 8 anos de prisão a sentença de um indivíduo acusado de homicídio porque o indivíduo tinha um gene que, aparentemente, predispõe as pessoas a um padrão agressivo de comportamento.[5] Um tumor cerebral também pode tornar uma pessoa mais propensa à violência.[6] Alguns estudos recentes sugerem que até mesmo antidepressivos e drogas para o tratamento da hipertensão podem exercer alguma influência – uma influência positiva – sobre o exercício de nossas capacidades e disposições morais.[7] Disso não se deve concluir, evidentemente, que o desenho institucional da sociedade não desempenhe um papel importante na formação e aperfeiçoamento da capacidade que temos para agir moralmente. O que as pesquisas empíricas nas neurociências, na genética e na teoria da evolução sugerem é que diversos fatores, que tradicionalmente não foram levados em consideração pela filosofia moral ou pelas ciências sociais, também podem influenciar nosso comportamento – negativa ou positivamente – em situações moralmente relevantes.

Se nossas capacidades morais são, pelo menos em parte, o resultado de fatores biológicos sobre os quais não temos controle direto, não poderíamos então, pelo menos em princípio, aprimorar ou melhorar o comportamento moral das pessoas por meio de novas tecnologias? Não seria possível desenvolver no futuro um medicamento, ou um tipo de manipulação genética, que torne as pessoas mais generosas, mais altruístas, justas e empáticas, e menos agressivas ou egoístas? Supondo que isso seja possível, poderíamos falar aqui, então, além de "aprimoramento físico" e "aprimoramento cognitivo", em "aprimoramento moral" também.

Evidentemente, nem todo método de aprimoramento é adequado para melhorar qualquer faculdade humana. É difícil imaginar, por exemplo, como membros protéticos poderiam melhorar as funções cognitivas de uma pessoa, ou de que forma um implante coclear poderia promover seu aprimoramento moral. Mas, em geral, o mesmo método de aprimoramento pode visar diferentes capacidades humanas. Modafinil, por exemplo, pode ser usado na busca por aprimoramento cognitivo, mas ele também pode ser usado para melhorar o desempenho físico de uma pessoa. Modafinil, aliás, é proibido em competições esportivas profissionais. O aprimoramento humano genético poderia ser utilizado para se modificar praticamente qualquer capacidade humana. Da combinação entre método de aprimoramento e capacidade humana passível de aprimoramento surgem então diferentes problemas morais.

Alguns filósofos (e filósofas) sugerem que a busca por aprimoramento cognitivo (por meio de drogas como metilfenidato ou modafinil, por exemplo) é eticamente aceitável, mas ao mesmo tempo eles negam que faça sequer sentido falarmos em um aprimoramento moral da humanidade por meio de novas tecnologias. Por outro lado, outros filósofos como, por exemplo, Julian Savulescu e Ingmar Persson, sugerem que o aprimoramento moral da humanidade, no futuro, será fundamental para que possamos eliminar a possibilidade de conflitos bélicos devastadores, ou para lidarmos com desafios globais como mudanças climáticas e terrorismo. Essa posição é defendida por Savulescu e Persson no livro *Inadequado para o futuro: A necessidade de melhoramentos morais* (2017). Alguém que não se oponha ao uso de drogas para fins de aprimoramento cognitivo poderia, ainda assim, rejeitar a perspectiva de buscarmos o aprimoramento cognitivo em um nível genético (por meio da edição genômica ou da seleção de embriões, por exemplo) com a alegação de que a engenharia genética afeta nossa natureza humana de maneiras que as drogas não afetam. Alguém que concorda que o aprimoramento cognitivo (ou outras formas de aprimoramento humano) seja moralmente aceitável pode argumentar que pessoas adultas, cientes dos riscos e custos envolvidos, têm todo o direito de buscar o aprimoramento de suas próprias capacidades (ou a de seus descendentes), mas o Estado não teria o direito de forçar ninguém a se tornar cognitivamente aprimorado. Outras pessoas, por outro lado, podem argumentar que a sociedade em geral se beneficia do aprimoramento cognitivo dos indivíduos, da mesma maneira que se beneficia da educação compulsória de seus cidadãos e que, por essa razão, o Estado tem não apenas o direito, mas também a obrigação de promover o aprimoramento cognitivo de toda a população. Para essas pessoas, a busca pelo aprimoramento cognitivo deve ser tratada como uma questão de saúde pública. Outras pessoas, por outro lado, podem concordar que o Estado não deve impedir ninguém de buscar seu próprio aprimoramento, mas elas podem também alegar que políticas públicas que visem o aprimoramento humano em nível populacional representam claramente uma forma de eugenia. E isso, por si só, já seria uma razão para considerarmos como imoral e ilegal qualquer tipo de política pública para fins de aprimoramento humano. Esta última posição é defendida, por exemplo, por Jürgen Habermas, em *O futuro da natureza humana: A caminho da eugenia liberal?* (2004), e por Michael Sandel, em *Contra a perfeição: Ética na era da engenharia genética* (2013).

Como se pode perceber, o debate filosófico contemporâneo em torno da ética do aprimoramento humano se tornou bastante amplo e complexo porque os argumentos contra ou a favor do aprimoramento humano podem dizer respeito a diferentes tipos de capacidades humanas, a diferentes métodos de aprimoramento, e a diferentes situações em que a busca por aprimoramento poderia ser considerada legítima ou, conforme o caso, ilegítima.

O debate sobre a ética do aprimoramento é também complexo porque, ao considerarmos os métodos de aprimoramento, percebemos que eles podem ter consequências bastante diferentes sobre o corpo humano. O efeito de medicamentos, de modo geral, costuma ser provisório. O efeito de procedimentos resultantes do uso de engenharia genética seria permanente. O estudante que teve sua capacidade cognitiva aumentada por conta do uso de metilfenidato ou modafinil somente poderá usufruir do aprimoramento enquanto continuar tomando o medicamento, ou enquanto o medicamento estiver fazendo efeito, ou enquanto o efeito do medicamento não for deletério para outras capacidades que podem comprometer o seu desempenho cognitivo. O indivíduo que – no futuro – tiver suas capacidades cognitivas aprimoradas por conta de algum procedimento biotecnológico poderá usufruir do aprimoramento por toda sua vida. O efeito, nesse caso, não será provisório. É possível pensarmos também em outros cenários. Se, no futuro, uma prótese se tornar muito melhor do que um braço ou perna natural, então o indivíduo aprimorado poderia, pelo menos em princípio, optar por trocar uma perna ou um braço saudáveis por uma prótese sofisticada. Mas, nesse caso, o procedimento seria certamente irreversível.

Aprimoramento humano e natureza humana

Outro problema relevante que o debate sobre a ética do aprimoramento humano envolve diz respeito à possibilidade de agravarmos injustiças sociais. Se o acesso a tecnologias para fins de aprimoramento for muito oneroso, então as pessoas beneficiadas não seriam apenas aquelas que puderem pagar pelos melhores medicamentos, pelos melhores procedimentos, pelas melhores próteses, etc.? As pessoas que já têm muito dinheiro poderiam proporcionar a seus filhos oportunidades que outras pessoas, menos ricas, não teriam. Um documento emitido pela UNESCO em 2015 torna clara essa preocupação. O documento é uma resposta à divulgação da notícia sobre o primeiro experimento envolvendo o uso de CRISPR (uma ferramenta revolucionária para a edição genômica) em embriões humanos, em abril de 2015 na China. Alguns trechos do documento chamam atenção para as implicações éticas decorrentes da busca por aprimoramento humano:

> O objetivo de aprimorar (*enhance*) os indivíduos e a espécie humana, manipulando-se os genes relacionados a algumas características e traços distintivos, não deve ser confundido com os projetos bárbaros da eugenia, que planejavam a simples eliminação de seres humanos considerados "imperfeitos" por razões ideológicas. No entanto, esse objetivo entra em conflito com o princípio do respeito pela dignidade humana de várias maneiras. Ele enfraquece a ideia de que as diferenças entre os seres humanos, independentemente da medida de suas capacidades, são exatamente o que o reconhecimento de sua igualdade pressupõe e, portanto, protege. Ele introduz o risco de novas formas de discriminação e estigmatização para aqueles que não podem pagar pelo aprimoramento (*enhancement*) ou simplesmente não desejam a ele recorrer.[8]
>
> [...]
>
> A diferença entre o uso médico e o uso não-médico de novas tecnologias continua sendo crucial. Qualquer trabalho futuro, pesquisa e aplicação de pesquisa nos campos não-médicos deve respeitar os direitos humanos e a dignidade. Portanto, técnicas de aprimoramento (*enhancement*), que há muito tempo são motivos de preocupação especial no esporte, também merecem profunda reflexão e precaução. Os benefícios resultantes dos avanços na genética humana, na medida em que têm impacto na proteção e nos cuidados com a saúde – por exemplo através da medicina personalizada e de precisão – devem ser considerados como conteúdo do direito fundamental que todo ser humano tem de usufruir do mais alto padrão de saúde possível, independentemente de qualquer distinção, o que implica – entre outros – o direito de ter acesso a cuidados de saúde e medicamentos de qualidade.[9]

Se, no futuro, a edição genômica vier a ser utilizada para fins de aprimoramento humano, há chances de que problemas de desigualdades sociais e econômicas se agravem. Os Estados teriam então de lidar com esse problema através da elaboração de políticas públicas específicas. Outra questão importante – talvez até mais fundamental do que questões de justiça social – em jogo no debate sobre a ética do aprimoramento humano diz respeito às consequências que a busca pelo aprimoramento humano teria para a compreensão que temos de nós próprios como seres humanos.

Filósofos como, por exemplo, Sandel e Habermas, sugerem que o aprimoramento humano continuaria sendo eticamente inaceitável ainda que, no futuro, políticas públicas específicas sejam criadas para se evitar um aumento das desigualdades sociais e econômicas. A busca por aprimoramento seria eticamente inaceitável porque ela representaria uma ameaça à própria natureza humana. Ao modificarmos nossas capacidades naturais por meio de novas tecnologias nós estaríamos modificando também aquilo que nos permite nos compreender a nós próprios como seres humanos. E isso, por si só, já seria uma razão para rejeitarmos a busca pelo aprimoramento humano.

Sandel chega mesmo a sugerir que algumas capacidades humanas devem ser compreendidas em termos de "dádivas" ou "dons naturais" (*gifts*, *natural gifts*, em inglês). Algumas pessoas têm, por exemplo, um talento inato e inteiramente fora do comum para a música, ou para os esportes, ou para a matemática. Mas elas não fizeram nada para merecer esses dons. Elas simplesmente são, por assim dizer, agraciadas com essas capacidades por força da "loteria natural". Como a distribuição de talentos na sociedade é "natural", não há ninguém que possamos culpar quando percebemos que algumas pessoas têm, por exemplo, um QI (Quociente de Inteligência) de 120, ao passo que outras têm de se contentar com um QI de 85. Uma pessoa pode se sentir frustrada com o quinhão que lhe coube na loteria natural, mas ela não pode se sentir injustiçada. Segundo Sandel, esse é o "destino comum" que nos une como seres humanos. Tentar manipular os desígnios da loteria natural, segundo Sandel, representaria uma perda sem precedentes para a compreensão que temos de nós próprios como seres humanos. Considere, por exemplo, a seguinte passagem de *Contra a perfeição: Ética na era da engenharia genética*:

> Se a engenharia genética nos permitisse sobrepujar os resultados da loteria genética e substituir o acaso pela escolha, o

> caráter de dádiva das potências e das conquistas humanas desapareceria e, com isso, nossa capacidade de nos vermos a nós próprios compartilhando um destino comum.[10]

A criação artificial de "talentos" ou "dons" nunca foi uma opção para seres humanos até bem pouco tempo. Diante da frustração de ter tido menos sorte na loteria natural, o melhor que uma pessoa poderia fazer, então, era se conformar com seu próprio destino. No entanto – poderíamos nos perguntar – por que alguém deveria adotar uma atitude de resignação como essa diante da possibilidade, agora, de aumentar (ou aprimorar) seus próprios talentos, ou os de seus descendentes, por meio de novas tecnologias?

A palavra "talento" designava originalmente uma unidade monetária, ou de modo mais geral um bem material que se poderia dar de presente para alguém. Esse uso da palavra aparece, por exemplo, no *Novo Testamento* (Mateus, "Parábola dos talentos", 25, 14-30). Foi só mais tarde que a palavra "talento" passou a ser usada para designar uma habilidade concedida por Deus.[11] E foi só no século XVIII que surgiu a ideia segundo a qual é a *natureza*, e não Deus, que confere a cada indivíduo seus talentos naturais. Mas a conotação teológica da palavra "talento" não se perdeu inteiramente, como fica claro, a meu ver, nos argumentos de Sandel contra a busca por aprimoramento. A premissa teológica subjacente ao argumento de Sandel é especialmente aparente em sua discussão acerca do caráter de "dádiva da vida" humana. No entanto, não podemos esperar que premissas teológicas como essas sejam amplamente compartilhadas no contexto de sociedades políticas contemporâneas, que abrigam pessoas que endossam outras concepções teológicas de mundo – ou que não endossam nenhuma.

Habermas apresenta uma linha argumentativa similar à proposta por Sandel. Habermas sustenta que é impossível reconciliarmos a busca pelo aprimoramento humano com a "autocompreensão ética da espécie". Considere, por exemplo, a seguinte passagem de *O futuro da natureza humana: A caminho da eugenia liberal?*

> Pouco importa se nessas especulações se manifestam ideias absurdas ou prognósticos dignos de serem levados a sério, necessidades escatológicas postergadas ou novas variedades de uma ciência da ficção científica (*science-fiction-science*). Para mim, tudo isso serve apenas como exemplo de uma tec-

> nicização da natureza humana que provoca uma alteração da autocompreensão ética da espécie – uma autocompreensão que não pode mais ser harmonizada com aquela autocompreensão normativa pertencente a pessoas que determinam suas próprias vidas e agem com responsabilidade.[12]

O problema aqui, a meu ver, consiste exatamente em sabermos como "harmonizar" a "autocompreensão" tradicional que temos de nós mesmos como agentes morais com a constatação de que, no final das contas, como sugerem vários estudos no âmbito das ciências naturais, talvez sejamos menos "responsáveis" por nossas próprias ações, ou menos capazes de "autodeterminação", do que Sandel e Habermas acreditam. A sugestão de que a busca pelo aprimoramento humano implica uma "tecnicização da natureza humana", a meu ver, não conta como uma boa razão para rejeitarmos a busca pelo aprimoramento humano como um todo. Em muitos aspectos, a natureza humana já está impregnada de tecnologias, como no papel ou e-books que utilizamos para o registro e comunicação de novas ideias, em vacinas que nos protegem de doenças, ou em óculos e implantes que nos permitem continuar lendo e ouvindo confortavelmente mesmo em idade avançada. Sem o amparo de diversas tecnologias, nosso sistema imunológico natural, nossa memória, nossa visão e audição não teriam nos permitido nos tornar, como espécie, as pessoas que nos tornamos. Nós já somos, em muitos aspectos relevantes, seres tecnológicos. Mas nem por isso nos tornamos desumanos ou pessoas piores.

Na primeira parte do *Discurso do Método*, Descartes apresenta um esboço de sua trajetória intelectual. Há uma passagem em que ele diz o seguinte: "E, decidindo-me a não mais procurar outra ciência além daquela que poderia encontrar em mim mesmo, ou então no grande livro do mundo, aproveitei o resto de minha juventude para viajar". Quase 400 anos após sua viagem, estamos agora numa posição de não apenas ler o "grande livro do mundo", mas de editar e de revisar radicalmente essa obra. Chegamos a um ponto em que nem mesmo a natureza humana parece escapar ao nosso próprio domínio. Tornamo-nos "como que senhores e possessores da natureza" em proporções que Descartes, no curso de sua viagem, não poderia ter vislumbrado. Os problemas para os quais autores como Sandel e Habermas chamam atenção, em referência aos desdobramentos da ciência moderna, são relevantes. O que está em jogo são a saúde e bem-estar de gerações futuras, ameaçadas pelo domínio predatório de nosso meio ambiente ou pelo uso prematuro de novas tecnologias. A compreensão que temos de nós próprios como seres humanos, além disso, também é afetada pelo uso de novas tecnologias. Mas isso, a meu ver, não representa em si mesmo um grande problema moral. Avanços científicos afetaram a compreensão que temos de nós próprios como seres humanos em outras ocasiões no passado. Deixamos de acreditar que estamos no centro do universo graças ao heliocentrismo defendido Copérnico, Galileu e Newton. Deixamos de acreditar que estamos no centro da criação graças à teoria da evolução defendida por Darwin. A imagem que temos de nós próprios como seres humanos, com todas as implicações éticas decorrentes dessa imagem, nunca foi fixa. E não há razões agora, a meu ver, para renunciarmos à perspectiva de editarmos e aprimorarmos essa imagem também.

Sugestão de leitura

Descartes, René. (1997). *Discurso do Método*. São Paulo: Martins Fontes. (Originalmente publicado em 1637).

Habermas, J. (2004). *O futuro da natureza humana: A caminho da eugenia liberal?* (traduzido por K. Janinni). São Paulo: Martins Fontes. (Originalmente publicado em 2002).

Persson, I.; Savulescu, J. (2017). *Inadequado para o futuro: A necessidade de melhoramentos morais* (traduzido por Brunello Stancioli). Belo Horizonte: Editora da UFMG. (Originalmente publicado em 2012).

Sandel, Michael. (2013). *Contra a perfeição: Ética na era da engenharia genética* (traduzido por Ana Carolina Mesquita). Rio de Janeiro: Civilização Brasileira. (Originalmente publicado em 2007).

Zak, Paul. (2012). *A molécula da moralidade: As surpreendentes descobertas sobre a substância que desperta o melhor em nós* (traduzido por Soeli Araujo). Rio de Janeiro: Elsevier. (Originalmente publicado em 2012).

* * *

10

A ética do aprimoramento cognitivo no Brasil: Da mocidade anfetamina à geração Ritalina

Em uma de suas últimas entrevistas, concedida em 1975, o filósofo Jean-Paul Sartre conta como fez para escrever o livro *Crítica da Razão Dialética*, publicado quinze anos antes:

> Eu trabalhei nesse livro dez horas por dia tomando Corydrane – no final eu estava tomando vinte comprimidos por dia – e eu realmente sentia que aquele livro tinha de ser finalizado. As anfetaminas me deram uma rapidez para pensar e escrever que era pelo menos três vezes superior ao meu ritmo normal. E eu queria trabalhar rápido.[1]

No período em que trabalhou nessa obra, Sartre não era a única pessoa fazendo amplo uso de anfetaminas na expectativa de obter "rapidez para pensar e escrever". O matemático Paul Erdős, por exemplo, recorria a comprimidos de café, Ritalina e Benzedrine (um tipo de anfetamina) para trabalhar em problemas matemáticos por períodos de até dezenove horas por dia.[2] No Brasil da década de 1950 e início da década de 1960, muitos estudantes recorriam a uma anfetamina chamada Pervitin, adquirida sem receitas nas farmácias, com o objetivo de, assim como Sartre, superar o "ritmo normal" de trabalho. Pervitin era muito usado, por exemplo, às vésperas do vestibular. Na época, os estudantes costumavam falar abertamente sobre o uso de Pervitin para fins de "aprimoramento cognitivo", muito embora essa expressão ainda não fosse corrente. A busca pela superação do "ritmo normal" de trabalho, especialmente no contexto de atividades intelectuais, não era vista como moralmente problemática. No entanto, aos poucos, a busca por aprimoramento cognitivo passou a ser cada vez mais associada ao uso de drogas ilegais.

Em 1959, o governo americano passou a controlar a venda de Benzedrine nos Estados Unidos. Em 1963, Pervitin foi banido no Brasil. E em 1971 Corydrane foi banido na França. As razões para o controle e proibições eram óbvias: o uso continuado de anfetaminas pode causar dependência química e psicológica. A droga também está associada a diversas complicações do sistema cardiovascular. As substâncias que vinham sendo usadas para fins de aprimoramento cognitivo, como diversas pessoas perceberam, eram prejudiciais à saúde. Mas – poderíamos nos perguntar agora – a busca por aprimoramento cognitivo, por si só, deve ser considerada como intrinsecamente imoral?

Meio século após as proibições das décadas de 1960 e 1970, é possível constatarmos, sobretudo entre estudantes, um novo interesse por medicamentos capazes de elevar a nossa produtividade para além de um rendimento considerado normal". A diferença, porém, é que o debate atual não envolve mais apenas a pergunta sobre a eficácia e a segurança desses medicamentos. O debate envolve também a dúvida sobre a própria ética da busca pela superação dos limites de nossas capacidades cognitivas naturais. Essa é uma questão que parece não ter atraído a atenção da filosofia moral ou da opinião pública na época em que Sartre, Erdős e diversos escritores e escritoras recorriam livremente a anfetaminas e outras drogas para fins de aprimoramento cognitivo.[3] A questão que podemos nos colocar, portanto, é por que a busca por aprimoramento cognitivo, independentemente dos riscos que ela possa representar para a saúde das pessoas, se tornou agora uma questão moralmente relevante.

Uma possível resposta a essa questão é a constatação de que o nosso "ritmo normal" de trabalho talvez já não seja mais suficiente para nos garantir uma posição favorável em ambientes que se tornaram altamente competitivos. Refiro-me a ambientes como, por exemplo, os da vida acadêmica e do mercado de trabalho em geral. Além disso, diferentemente de anfetaminas, novos medicamentos como, por exemplo, Stavigile (modafinil) e Ritalina (metilfenidato), parecem menos propensos a causar dependência química ou psicológica, pelo menos se comparados a anfetaminas como Pervitin, Benzedrine, e Corydrane. No debate contemporâneo sobre a ética do aprimoramento cognitivo, sobretudo tal como o tema é tratado na imprensa, nem sempre é inteiramente claro se o recurso a medicamentos como Stavigile e Ritalina é criticado em função dos riscos que eles representam à saúde de estudantes, ou se é a própria pressão para nos tornarmos cada vez mais produtivos que deve ser criticada.

O objetivo deste capítulo é examinar a discussão sobre a ética do aprimoramento cognitivo. A discussão sobre esse tema se tornou bastante difundida nos últimos anos.[4] No entanto, essa discussão, sobretudo quando veiculada na imprensa, tende a examinar o tema como se ele fosse inteiramente novo. Mas como a declaração de Sartre deixa claro, e como veremos a seguir, há mais de cinquenta anos muitos estudantes e intelectuais – no Brasil e no exterior – já vinham recorrendo a medicamentos na tentativa de obter mais "rapidez para pensar e escrever". O objetivo na época, tal como hoje, era superar os limites de nosso "ritmo normal" de trabalho.

Aprimoramento cognitivo: Metilfenidato e Modafinil

Enquanto a sociedade brasileira discute a descriminalização de drogas para fins "recreativos", não é a maconha, cocaína ou *crack* que vêm despertando o interesse de muitos estudantes nas universidades brasileiras. As novas drogas estão longe da violência dos pontos de venda disputados pelo tráfico. Elas são adquiridas de modo seguro em farmácias ou em sites na internet. A preferida entre os estudantes é o metilfenidato, mais conhecido como Ritalina. Outra substância que também vem sendo consumida é o modafinil, vendido no Brasil como Stavigile. Outras drogas como, por exemplo, Piracetam, Venvanse, Concerta, e Adderall, ainda que menos conhecidas, já começam a ser consumidas também.

Muitos estudantes vêm usando esses medicamentos, mas não para fins de tratamento de alguma doença específica. Jovens saudáveis vêm recorrendo a remédios "tarja preta", receitados por psiquiatras e controlados pela ANVISA (Agência Nacional de Vigilância Sanitária), para se preparar para provas e concursos, ou para permanecer mais focados enquanto elaboram monografias e outros trabalhos acadêmicos. Nas universidades americanas e europeias, esses remédios passaram a ser conhecidos como *smart drugs* – "drogas da inteligência". No debate filosófico contemporâneo, denomina-se "aprimoramento cognitivo" (do inglês *cognitive enhacement*) a capacidade que certas substâncias teriam de melhorar nosso desempenho no contexto de atividades intelectuais que exigem, por exemplo, poder de concentração por um prolongado período de tempo e capacidade mnemônica mais elevada.

Embora as *smart drugs* tenham recebido nos últimos anos ampla cobertura na imprensa internacional, ainda não há no Brasil um levantamento sistemático sobre o número de estudantes que, sem apresentarem qualquer quadro psiquiátrico que exija algum tipo de tratamento, vêm usando medicamentos controlados pelo governo na expectativa de melhorar o rendimento nos estudos.[5] As poucas referências a esse tema na mídia brasileira ainda não deram lugar a um debate mais amplo, capaz de gerar diretrizes para a realização de pesquisas empíricas e elaboração de políticas públicas específicas.

A Ritalina é prescrita para pessoas diagnosticadas com TDAH (Transtorno de Déficit de Atenção e Hiperatividade). Mas quando usada por pessoas que não sofrem desse transtorno, a Ritalina, segundo algumas pesquisas recentes, promove a atenção e facilita o processo de aprendizagem.[6] Segundo dados publicados pela ANVISA em 2012, o consumo de Ritalina no Brasil, no triênio 2009–2011, teria aumentado em aproximadamente 27,4%. O levantamento foi feito em um grupo de mil indivíduos com idade entre 6 e 59 anos. O estudo mostra que o aumento no consumo de Ritalina é ainda maior entre crianças com idade entre 6 e 16 anos. Nessa faixa etária o aumento do consumo chegou a 74,8%.[7] No entanto, ainda não é possível saber com precisão quantas pessoas vêm fazendo uso de Ritalina por razões estritamente médicas, e quantas pessoas vêm usando o medicamento para aprimoramento cognitivo. A ausência de políticas públicas específicas e a falta de um debate amplo sobre o uso de drogas para fins de aprimoramento dificultam a determinação desses números.

Outra substância que, aos poucos, também começa a circular entre estudantes brasileiros é o Stavigile, que tem como princípio ativo o modafinil. O medicamento é indicado para o tratamento da narcolepsia, que é um tipo de transtorno que faz com que as pessoas se sintam excessivamente sonolentas durante o dia. A compra de Stavigile no Brasil exige a apresentação de uma receita médica especial, controlada pelo governo. Mas isso não impede que estudantes troquem informações nas redes sociais sobre como obter o medicamento, e sobre seus efeitos colaterais.

Em agosto de 2015, vários órgãos da imprensa americana e europeia voltaram sua atenção para um artigo científico de autoria de Ruairidh Battleday e Anna-Katharine Brem (pesquisadores das universidades de Oxford e de Harvard) publicado na revista *European Neuropsychopharmacology*. Os pesquisadores examinaram toda a literatura científica, publicada de janeiro de 1990 a dezembro de 2014, sobre o potencial que o modafinil teria de promover a capacidade de planejamento, poder de decisão, aprendizagem, memória, e criatividade de indivíduos saudáveis. Battleday e Brem concluíram então, com base na revisão e análise de 24 estudos científicos, que o "modafinil pode muito bem merecer o título de primeiro agente nootrópico farmacêutico bem avaliado".[8]

Na Europa e nos Estados Unidos, algumas associações científicas, e a sociedade de modo geral, já começaram a propor documentos e relatórios para orientar o governo na elaboração de políticas públicas para lidar com as ameaças e possíveis benefícios representados pelas drogas para aprimoramento cognitivo. Segundo dados de 2012 divulgados pela Royal Society, a principal associação científica britânica, os governos americano e britânico têm prescrito modafinil para soldados envolvidos em operações militares que exigem elevado nível de concentração e longos períodos sem dormir. O relatório da Royal Society afirma que testes sobre o uso de modafinil entre pilotos da força aérea americana demonstraram que a droga atenua os efeitos da privação de sono e estimula a capacidade de concentração. O modafinil, segundo o relatório, parece também apresentar pouco potencial para induzir o usuário à dependência química, diferentemente do metilfenidato. No entanto, pesquisadores ainda não sabem exatamente como o modafinil atua no cérebro humano, e quais seriam seus efeitos de longo prazo.[9]

Com prazos curtos para a entrega de trabalhos acadêmicos, além da pressão que pesquisadores profissionais sofrem para publicar em revistas de renome, não é de se espantar que drogas utilizadas por militares, com o aval de seus respectivos governos, tenham se difundido também nas universidades. Um levantamento publicado na revista *Nature* em 2007, envolvendo 1.400 estudantes e pesquisadores de 60 países, revelou que 20% dos entrevistados já haviam feito uso de algum tipo de medicamento para fins de aprimoramento cognitivo. Nesse grupo, o metilfenidato foi a substância escolhida por 64% das pessoas, seguido do modafinil, usado por 44%. Nas universidades de Cambridge e Oxford, as mais concorridas do Reino Unido, estima-se que esses números sejam ainda mais elevados. A pesquisa revelou também que muitos entrevistados já haviam feito uso de mais de um tipo de droga com o objetivo de se manter mais focado no trabalho.[10]

O jornal *Frankfurt Allgemeine Zeitung*, um dos mais lidos na Alemanha, divulgou em janeiro de 2013 uma pesquisa que aponta para resultados semelhantes: um quinto dos estudantes universitários alemães fez uso de drogas para melhorar o rendimento nos estudos. A pesquisa foi realizada com base em questionários anônimos respondidos por mais de 2.500 estudantes. As substâncias mais consumidas foram o metilfenidato, o modafinil, comprimidos de cafeína, além de drogas ilegais.[11] Estudos semelhantes já foram realizados também na Suíça, Holanda, Colômbia, Argentina, e Chile, mostrando que, também nesses países, há um número crescente de estudantes que fazem uso de medicamentos para fins de aprimoramento cognitivo.[12] A discussão sobre o uso de *smart drugs* nas universidades, aos poucos, começa a atrair a atenção da imprensa brasileira.[13] No entanto, nenhum estudo sistemático para avaliar essa questão no contexto brasileiro parece ter sido publicado até o momento da redação deste capítulo (setembro de 2019).

O uso de Pervitin no Brasil

O uso de drogas entre estudantes que buscam alguma forma de aprimoramento cognitivo não é um fenômeno recente. Jornais brasileiros da década de 1950 mostram o quanto a sociedade brasileira costumava encarar com normalidade o uso de anfetaminas entre alunos que recorriam a estimulantes para garantir boas notas nas provas. A droga de preferência na época era o Pervitin, um tipo de anfetamina desenvolvida por pesquisadores alemães pouco antes do início da Segunda Guerra Mundial. Durante a Segunda Guerra, soldados alemães receberam grandes quantidades de Pervitin para que pudessem permanecer mais focados no exercício de atividades que exigiam concentração redobrada. Acredita-se, inclusive, que a denominada *Blitzkrieg* – a tática alemã de "guerra relâmpago" – tenha sido propulsionada pelo amplo uso de Pervitin entre as forças militares da Alemanha.[14] O Pervitin parece ter sido introduzido no mercado brasileiro pouco tempo após o final da Segunda Guerra, pois não foi possível encontrar nenhuma referência a esse produto nos jornais brasileiros anteriores a 1950.[15]

O *Jornal do Dia*, por exemplo, publicou em fevereiro de 1955 uma matéria sobre a difícil vida dos "vestibulandos". Para garantir uma vaga nas universidades era necessário passar "noites de vigília, em cima de livros, estudando com desusada força de vontade ajudada pelo Pervitin."[16] Em junho de 1955 o jornal *Última Hora* publicou uma entrevista com a *Miss* Elvira Veiga Wilber, vencedora de um concurso de beleza. A jovem explica, sem constrangimentos, como fazia para conciliar os estudos com a carreira de modelo: "Tomei muito Pervitin contra a insônia para fazer uma boa prova."[17] Em julho de 1956, quando Álvaro Lins foi eleito para a Academia Brasileira de Letras, o jornal *O Globo* publicou uma matéria sugerindo que o escritor consumira muito Pervitin para redigir o discurso de posse. No dia seguinte, o jornal *Última Hora* comentou a matéria de *O Globo* e explicou ao leitor para que a droga servia: "Pervitin não é bebida, leitor malicioso. Pervitin é uma drogazinha que a gente toma quando tem necessidade de evitar o sono para trabalhar, para escrever durante uma ou duas noites."[18]

O próprio governo brasileiro encorajou o uso de Pervitin para aumentar a produtividade dos funcionários envolvidos na elaboração de um plano substitutivo à lei orçamentária, em fevereiro de 1956. Sobre isso, o jornal *Última Hora* publicou em destaque a seguinte manchete: "100 horas sem dormir para fazer o novo plano-aumento".[19] Segundo a reportagem, a equipe do governo teria consumido cinco vidros de Pervitin durante o trabalho. A matéria não poupa elogios à dedicação dos funcionários. Juscelino Kubitschek, aparentemente, também fazia amplo uso de Pervitin. Em 5 de abril de 1956 o jornal *Tribuna da Imprensa* publicou em destaque na primeira página que a "pílula para não dormir" era a "arma secreta" de Kubitschek.[20]

O consumo de anfetaminas para fins de aprimoramento cognitivo era tão comum no Brasil da década de 1950 que, em junho de 1957, a *Tribuna da Imprensa* publicou um pequeno artigo sobre o surgimento de uma nova cultura no país: a "mocidade pervitínica".[21] Segundo o artigo, já não era mais só o café que estudantes de engenharia, medicina e direito usavam para eliminar o sono durante as horas de estudo: "Agora é a vez do Pervitin e de outras especialidades farmacêuticas do gênero. Rara a mocinha de colégio, ou rapaz ainda de calça curta que não usa e abusa do tóxico à época de provas." (*figura 5*) Estima-se que, na época, cerca de 60% dos estudantes faziam uso de Pervitin.[22]

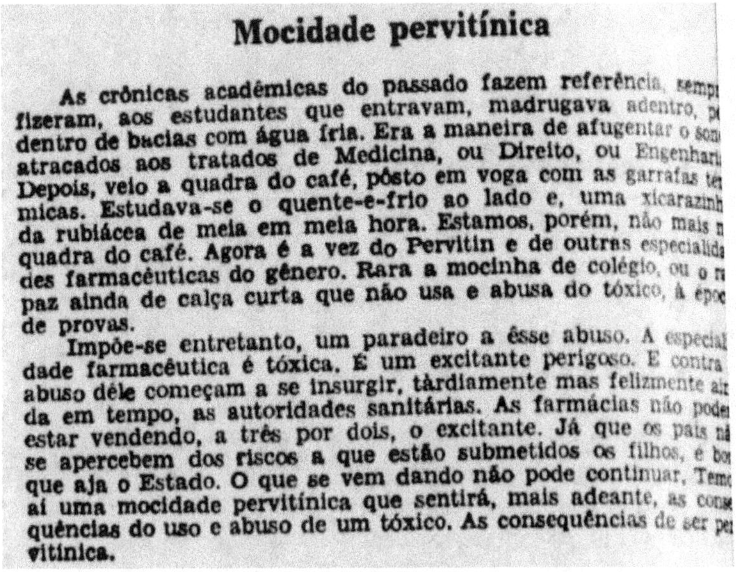

Mocidade pervitínica

As crônicas acadêmicas do passado fazem referência, semp
fizeram, aos estudantes que entravam, madrugava adentro, p
dentro de bacias com água fria. Era a maneira de afugentar o son
atracados aos tratados de Medicina, ou Direito, ou Engenhari
Depois, veio a quadra do café, pôsto em voga com as garrafas te
micas. Estudava-se o quente-e-frio ao lado e, uma xicarazinh
da rubiácea de meia em meia hora. Estamos, porém, não mais n
quadra do café. Agora é a vez do Pervitin e de outras especialida
des farmacêuticas do gênero. Rara a mocinha de colégio, ou o r
paz ainda de calça curta que não usa e abusa do tóxico, à époc
de provas.

Impõe-se entretanto, um paradeiro a êsse abuso. A especial
dade farmacêutica é tóxica. É um excitante perigoso. E contra
abuso dêle começam a se insurgir, tàrdiamente mas felizmente ai
da em tempo, as autoridades sanitárias. As farmácias não pode
estar vendendo, a três por dois, o excitante. Já que os pais n
se apercebem dos riscos a que estão submetidos os filhos, é bo
que aja o Estado. O que se vem dando não pode continuar. Tem
aí uma mocidade pervitínica que sentirá, mais adeante, as cons
quências do uso e abuso de um tóxico. As consequências de ser pe
vitínica.

Figura 5. Tribuna da Imprensa, 27 de junho de 1957, p. 4.
© Hemeroteca Digital da Biblioteca Nacional.

Aos poucos, o Pervitin começou a ser usado também nos esportes. Não demorou muito, contudo, para que começassem a surgir na imprensa relatos sobre vários casos de doping. No final da década de 1950, o uso de Pervitin no Brasil começou a ser considerado um problema de saúde pública. O *Diário Carioca*, em junho de 1956, publicou uma reportagem sobre "consumo indiscriminado de Pervitin e produtos similares" e alertou para a "nova modalidade de toxicomania."[23] O governo, seguindo uma tendência mundial, começou então a mobilizar uma campanha de combate às drogas. Em novembro de 1962, por exemplo, a *Última Hora* noticiou: "Farmácias serão vasculhadas no combate às drogas do sono".[24] No ano seguinte, o governo passou a proibir a venda de Pervitin e outros produtos à base de anfetaminas sem receita médica. Mas, tal como ocorre agora com o uso da Ritalina, Stavigile e outros medicamentos, a medida não foi suficiente para impedir que as pessoas obtivessem acesso ao medicamento no mercado ilegal de drogas.

Smart drugs: ética, segurança e eficácia

Não é difícil de perceber que a opinião pública sobre o uso drogas para fins de aprimoramento no Brasil mudou ao longo dos anos. A atitude de tolerância, e até de encorajamento, que se via na década de 1950 deu lugar à proibição que ocorreu na década seguinte. A proibição imposta pelo governo é compreensível: o risco que o Pervitin e outros tipos de anfetaminas representavam à saúde dos usuários parecia uma boa razão para o governo proibir o seu consumo sem receitas médicas. É por essa razão também que o governo deve controlar o comércio de outras substâncias que possam representar uma clara ameaça à saúde das pessoas.

Mas o controle, por outro lado, não deveria desestimular a pesquisa científica sobre drogas que tenham o potencial para proporcionar alguma forma de aprimoramento cognitivo com eficácia e segurança. Se, por um lado, é claro que o governo deve controlar o acesso a drogas que podem causar dependência e que podem ser prejudiciais à saúde, não é claro, por outro lado, por que razão pessoas adultas, cientes dos riscos envolvidos, deveriam ser proibidas de usar drogas que possam aumentar a sua capacidade cognitiva.[25]

É pouco provável que surjam nos próximos anos *smart drugs* que aumentem a capacidade cognitiva das pessoas de modo realmente significativo. Mas isso não tem impedido cientistas e filósofos de examinar desde já a segurança, a eficácia, e a ética no uso de drogas que têm o potencial para promover, em alguma medida, o aprimoramento cognitivo das pessoas.[26] A comunidade científica e os legisladores deveriam também já começar a pensar em diretrizes para elaboração de políticas públicas no Brasil voltadas ao debate sobre o uso e sobre a pesquisa científica de substâncias desse tipo. Novas pesquisas sobre o uso de modafinil para fins de aprimoramento cognitivo devem surgir nos próximos anos. Se os resultados levantados por Battleday e Brem, mencionados acima, forem confirmados em novos estudos, e se, além disso, o modafinil e substâncias similares se mostrarem seguros a longo prazo, deve surgir em breve no Brasil uma nova "mocidade pervitínica" (ou talvez "ritalínica"). Mas a questão, por ora, é sabermos se a sociedade civil e as autoridades responsáveis por políticas públicas estão preparadas para lidar com as implicações éticas da busca por aprimoramento cognitivo no contexto do século XXI. Se o STF (Supremo Tribunal Federal) vier a entender que drogas para uso recreativo como a maconha não representam uma ameaça para a sociedade, o mesmo entendimento não deveria ser estendido também, talvez até com mais razões, ao uso de medicamentos para fins de aprimoramento cognitivo?

A resposta a essa questão parece envolver, pelo menos em princípio, uma dificuldade de natureza conceitual: parece não fazer sentido usarmos a palavra "medicamentos" para nos referirmos a substâncias que seriam usadas por pessoas saudáveis. Afinal, medicamentos são desenvolvidos para o "tratamento" de doenças, e não para o aprimoramento das capacidades cognitivas de pessoas normais. Essa dificuldade conceitual pode talvez representar um obstáculo para a discussão sobre as implicações jurídicas decorrentes da tentativa de se regulamentar a pesquisa e o comércio de substâncias para fins de aprimoramento cognitivo. Por outro lado, não é difícil de perceber também que essa dificuldade pode ser contornada, se tivermos em mente uma analogia com outras substâncias que são produzidas pela indústria farmacêutica, ainda que essas substâncias não sejam tradicionalmente percebidas como tipos de "medicamentos". Consideremos por exemplo o caso dos comprimidos anticoncepcionais.

Comprimidos anticoncepcionais foram originalmente concebidos para o tratamento de distúrbios menstruais. Mas quando a indústria farmacêutica percebeu os efeitos contraceptivos do medicamento, a pesquisa passou a se concentrar nisso que, originalmente, parecia um efeito colateral. A partir da década de 1960, comprimidos anticoncepcionais passaram então a ser utilizadas por mulheres adultas para fins contraceptivos, e não para o tratamento de algum tipo de distúrbio ou doença. O uso de comprimidos anticoncepcionais mudou radicalmente o modo como as mulheres passaram a se relacionar com o seu próprio corpo, com seus parceiros, com o ambiente de trabalho, e até mesmo com a maternidade. Entretanto, embora hoje em dia a maioria das mulheres tenha livre acesso a métodos anticoncepcionais, a difusão de comprimidos anticoncepcionais teve de enfrentar uma série de resistências na época em que surgiram e foram disponibilizados no mercado. Foi necessária mais de uma década, a partir dos anos de 1960, para que as mulheres – e apenas as mulheres *casadas* no início – pudessem fazer uso dos comprimidos. No entanto, a despeito da desconfiança com que foram recebidos no início, comprimidos anticoncepcionais tiveram um impacto profundo sobre a sociedade contemporânea. A não ser que adotemos uma perspectiva religiosa e bastante conservadora, dificilmente encontraríamos hoje razões para considerar esse impacto como moralmente problemático. Pelo contrário, há boas razões para considerarmos esse impacto como moralmente positivo.

Em um editorial publicado em 2017, a revista *Nature* chama atenção para algumas implicações sociais decorrentes da difusão do uso de comprimidos anticoncepcionais nas últimas décadas. Uma implicação importante, por exemplo, foi o aumento do nível de educação entre as mulheres.[27] Apenas nos Estados Unidos, o número de mulheres que ingressaram em universidades, entre os anos de 1960 e 1970, foi 17% superior se comparado com dados de outros países em que a prescrição da "pílula" só era permitida para mulheres que tinham mais de 21 anos de idade. Segundo o editorial, alguns estudos sugerem também que o número de adolescentes que se tornam mães em países da África, onde o uso de contraceptivos ainda é visto como um tabu, é três vezes maior do que no Reino Unido, onde as adolescentes têm acesso a métodos contraceptivos. No livro *The long sexual revolution: English women, sex, and contraception 1800-1975*, Hera Cook examina as implicações sociais decorrentes do uso de métodos anticoncepcionais na vida das mulheres. Cook procura mostrar, por exemplo, que a ampliação da autonomia e da educação das mulheres está diretamente relacionada à difusão de métodos contraceptivos.[28]

A exemplo do que ocorreu com a difusão do uso de pílulas anticoncepcionais nas últimas décadas, é possível que a busca por aprimoramento cognitivo, por meio de medicamentos que foram originalmente criados para fins de tratamento, dê gradualmente lugar a pesquisas e ao comércio de substâncias que sejam capazes de proporcionar às pessoas uma performance cognitiva superior àquela que obteriam sem o recurso a essas substâncias. É razoável supor, inclusive, que, retrospectivamente, as pessoas possam vir a considerar vários aspectos da crítica contemporânea à busca por aprimoramento cognitivo como não menos conservadores do que a crítica inicialmente dirigida à difusão do uso de comprimidos anticoncepcionais no passado.

O debate filosófico contemporâneo acerca da ética do aprimoramento cognitivo envolve uma série de questões que têm implicações relevantes para a discussão de políticas públicas, especialmente na área da saúde: pessoas que não teriam nenhum interesse em buscar aprimoramento cognitivo para si mesmas não poderiam talvez se sentir pressionadas a consumir *smart drugs* para poder competir no mercado de trabalho? Empregadores poderiam exigir o uso de modafinil para garantir que seus funcionários se tornem mais produtivos? Se podemos proibir que um cirurgião ingira álcool antes de realizar uma operação longa e complexa, não poderíamos também exigir que ele eleve a sua capacidade de concentração através do uso de alguma *smart drug*? O uso de drogas para fins de aprimoramento cognitivo agravaria desigualdades sociais? Ou, pelo contrário, *smart drugs* não poderiam talvez proporcionar uma "compensação" para aquelas pessoas que, por conta de desigualdades sociais, não tiveram bom desempenho na escola ou em concursos? Até que ponto pais e mães poderiam buscar profissionais da área da saúde com o objetivo específico de prescrever medicamentos como Ritalina para fins não-terapêuticos para seus filhos ou filhas?

O objetivo deste capítulo foi mais o de chamar atenção para essas questões, e não tanto o de propor soluções específicas. Vimos que o debate acerca da ética do aprimoramento cognitivo não é novo, e que uma abordagem histórica do problema é também relevante para a compreensão de sua complexidade com vistas à elaboração de políticas públicas. A pesquisa e a produção de *smart drugs* seguras e eficazes devem se intensificar nos próximos anos. Mas as questões em torno da ética do aprimoramento cognitivo já começam a ser discutidas pela comunidade científica mundial, pela filosofia moral, pela bioética, e pela imprensa internacional. No Brasil, porém, esse debate ainda mal começou.

Sugestão de audiovisual e leitura

Burger, Neil (direção); Dixon, Leslie (roteiro). (2011). *Sem Limite.* (Título original do filme: *Limitless*). Estados Unidos: Relativity (distribuição).

Dall'Agnol, Darlei. (2017). "Princípios bioéticos e melhoramento cognitivo". *Thaumazein* (Santa Maria), vol. 10, n. 19, p. 17-28.

Keyes, Daniel. (2018). *Flores para Algernon* (traduzido por Luisa Geisler). São Paulo: Aleph. (Orginalmente publicado em 1966).

* * *

11

O retorno do *homo prostheticus*

Nos últimos anos, tem havido muita discussão filosófica sobre a ética do aprimoramento humano. A pergunta básica que se coloca aqui é a seguinte: até que ponto é eticamente aceitável utilizarmos tecnologias médicas para aprimoramos as capacidades físicas ou cognitivas de pessoas saudáveis? Os avanços tecnológicos nos âmbitos da genética, da engenharia e das neurociências certamente contribuíram, nos últimos anos, para a emergência dessa questão como um problema filosófico relevante. No entanto, o debate sobre a busca por aprimoramento humano não é novo. Como pretendo mostrar neste capítulo, para compreendermos melhor as implicações éticas decorrentes da busca pelo aprimoramento humano no futuro, temos de começar tentando compreender um pouco melhor como as pessoas reagiram à perspectiva de aprimoramento no passado.

No período entreguerras – ou seja, entre o fim da Primeira Guerra Mundial e início da Segunda – é possível constatarmos um intenso debate sobre a ética do aprimoramento humano, ainda que a expressão "aprimoramento" não tenha sido utilizada nesse contexto. Essa primeira leva de discussões, porém, não se refletiu nos textos filosóficos da época, diferentemente do que ocorre hoje em dia. A discussão se deu no âmbito de obras de ficção, nas artes visuais, e no debate entre legisladores, engenheiros e médicos sobre como os ex-combatentes poderiam ser reintegrados à força de trabalho da época. A palavra-chave era: "prótese".

Homo prostheticus

Antes da Primeira Guerra Mundial, as pessoas, de modo geral, não tinham a expectativa de que um indivíduo mutilado, vítima de ferimentos de guerra ou de algum acidente, pudesse voltar a trabalhar normalmente um dia.[1] Com sorte, ele poderia contar com algum benefício proporcionado por um esquema de pensão ou por algum programa de caridade. Com menos sorte, o indivíduo mutilado poderia talvez contar com o cuidado de familiares e com a ajuda de amigos. De um modo ou de outro, a pessoa mutilada permaneceria a maior parte do tempo em casa, seja em função das limitações impostas pela sua nova condição, ou pelo constrangimento público que a deficiência causaria. Mas tudo isso mudou a partir de 1914. A quantidade de soldados mutilados em combate, no decurso da Primeira Guerra Mundial, superava as expectativas mais sinistras que os países envolvidos poderiam ter tido antes do início do conflito. A Primeira Guerra Mundial, como rapidamente se percebeu, foi uma guerra como nunca se vira igual. Uma guerra conduzida por países industrializados, e planejada segundo padrões industriais, não poderia ter produzido outra coisa além de devastação em escala industrial. E isso significava, só na Alemanha, um saldo de aproximadamente 80 mil soldados mutilados.[2] Na França, a situação era ainda pior: estima-se que, ao final do conflito, cerca de 300 mil homens tenham sido classificados como *mutilés de guerre*, ou "inválidos".[3] Curiosamente, a enorme quantidade de homens mutilados era consequência também dos avanços médicos da época, pois novas técnicas de amputação e de assepsia foram aperfeiçoadas nesse período. Isso permitiu que muitos soldados sobrevivessem aos ferimentos, ainda que tivessem de ter algum membro amputado.

Com a economia de seus países devastada, e regressando do front aos milhares, os ex-combatentes já não poderiam mais contar com pensões ou programas de caridade como únicos instrumentos de subsistência.[4] Acresce ainda que muitos soldados, ao retornarem feridos ou mutilados para casa, logo se davam conta de que vários parentes e amigos haviam morrido durante a guerra, ou tinham de arcar, eles também, com privações de toda sorte, decorrentes do conflito. A caridade privada, portanto, já não era uma opção. Surgiram então vários programas para reintegrar os antigos soldados à força de trabalho de seus respectivos países. Um programa especialmente importante consistia na produção de novos tipos de próteses.

A discussão sobre as consequências decorrentes da produção em massa, e distribuição em larga escala, de novos tipos de próteses polarizou de tal modo o debate político e cultural do período entreguerras que é possível mesmo falarmos, como sugere o filósofo Peter Sloterdijk, do surgimento de um personagem fundamental para a compreensão da cultura do período entreguerras: a figura do *homo prostheticus*.[5] Muitas pessoas, por um lado, viam o *homo prostheti-*

cus como símbolo da desumanização do ser humano por meio da tecnologia. Outras pessoas, por outro lado, viam no *homo prostheticus* mais do que um deficiente físico que teve suas capacidades físicas restabelecidas por meio de próteses sofisticadas. O *homo prostheticus* era visto por elas como uma espécie de *super-homem*, um indivíduo munido de capacidades físicas superiores àquelas das pessoas normais. Como pretendo mostrar a seguir, é no contexto do debate sobre a figura do *homo prostheticus* que surge pela primeira vez a discussão sobre as consequências éticas e sociais de políticas públicas para fins de aprimoramento humano, muito embora essa expressão – como já mencionado – ainda não fosse utilizada na época.

Em 1918, a Cruz Vermelha publicou um livreto para distribuição gratuita intitulado *Reconstruindo o Soldado Aleijado*.[6] A obra descreve a experiência dos países beligerantes no processo de "reeducação" dos antigos combatentes. Muitos homens tinham de ingressar numa nova profissão, compatível com as limitações impostas pelos ferimentos sofridos. Para alguns isso significava, literalmente, aprender novamente a andar, ainda que não exatamente com as próprias pernas. Garantir que os ex-combatentes fossem assimilados pela indústria e pela agricultura, como enfatiza o autor do livreto, era uma questão de "responsabilidade social" dos governos e da sociedade civil como um todo.

Além de propor diretrizes para a "reconstrução" e "reeducação" dos antigos soldados, o livreto continha também diversas fotos dessa nova legião de trabalhadores munidos de próteses engenhosas no lugar de braços e pernas amputadas. O livro mostra os homens nas fábricas, oficinas, escritórios e no campo, inteiramente adaptados às suas novas funções. No entanto, suas próteses são praticamente indistinguíveis de instrumentos acoplados ao que restou de seus corpos. Nas fotos, martelos, enxadas, pás e alicates não são apenas ferramentas de trabalho, mas extensões do corpo humano. A impressão que se tem é que, uma vez "reconstruídos", os antigos soldados tivessem se tornado máquinas: troncos humanos equipados de acessórios que poderiam ser instalados e intercambiados conforme as exigências de cada atividade (*figura 6*). Muitas pessoas na época, sobretudo nas artes visuais, se mostraram bastante críticas desse processo de mecanização do corpo humano. Apesar disso, o autor do livreto da Cruz Vermelha resume numa única frase o seu otimismo relativamente à situação dos ex-combatentes: "Já não existem mais aleijados!"[7] A legenda em uma das fotos no livreto da Cruz Vermelha inclusive adverte ao leitor o seguinte: "O braço funcional foi concebido apenas para fins práticos – não para aparência."[8]

RECONSTRUCTING THE CRIPPLED SOLDIER

A farmer, crippled in the war, ready to go back to his former work

Figura 6. "Um fazendeiro, mutilado na guerra, pronto para retornar ao seu antigo trabalho". Fonte: McMurtrie. D. (1918). *Reconstruindo o soldado aleijado*. New York: Cruz Vermelha. p. 6.

A funcionalidade das novas próteses, por oposição às próteses que apenas camuflavam uma deficiência, foi amplamente defendida na Europa, e foi divulgada também no Brasil. A revista *Fon Fon*, por exemplo, então uma das mais populares no Rio de Janeiro, publicou em dezembro de 1918 um artigo de duas páginas intitulado "Não há mais aleijados." O artigo – provavelmente escrito com base no livreto distribuído pela Cruz Vermelha – trata da situação dos mutilados do pós-guerra. O autor (ou autora) afirma com entusiasmo que a "ciência" da época não conferia aos veteranos uma simples "mão de pau", usada para disfarçar uma amputação. O objetivo agora era proporcionar aos ex-combatentes um "instrumento" de trabalho. O artigo da revista *Fon Fon* sugere ainda que, graças aos avanços científicos da era moderna, um homem "aleijado" poderia voltar a ter uma vida normal, e um homem saudável poderia agora se transformar num verdadeiro *super-homem*.[9] É digno de nota que a palavra *super-homem* tenha sido utilizada pela primeira vez no Brasil no contexto de uma discussão sobre as promessas do aprimoramento humano – e isso muito antes de a palavra começar a ser usada para nos referirmos a um personagem de história em quadrinhos.

Esse entusiasmo pelas novas tecnologias médicas, capazes de produzir *super-homens*, era bastante difundido na época. O escritor austríaco Stephan Zweig, por exemplo, relembra em sua autobiografia a confiança que os profissionais de saúde depositavam nas próteses que estavam sendo produzidas nesse período: "médicos que elogiavam membros protéticos a ponto de quase desejarmos amputar uma perna saudável para colocar um mecanismo artificial em seu lugar."[10] Outro escritor de língua alemã que também chama atenção, em uma obra de ficção, para o entusiasmo generalizado em torno das novas próteses é Erich Paul Remarque. Numa passagem do best-seller *Nada de Novo no Fronte* (1929) um soldado tenta reconfortar um amigo que tivera uma perna amputada:

> Existem agora próteses [*Prothesen*] esplêndidas, você nem nota que está faltando alguma coisa em você. Elas são fixadas nos músculos. Com próteses para a mão [*Handprothesen*] é possível mover os dedos e trabalhar, e até escrever. Além disso, vão inventar ainda mais coisas nessa área.[11]

A ideia, portanto, era que os ex-combatentes não precisavam se preocupar. Uma vez que eles tivessem sido "reconstruídos" – essa é a expressão que aparece no título do livro da Cruz Vermelha – eles poderiam ser reintegrados ao trabalho e levar uma vida normal.[12] Evidentemente, a compreensão do corpo humano como uma espécie de máquina não era nenhuma novidade do pós-guerra. Essa ideia remonta à filosofia mecanicista do século XVII, e ao fascínio pela figura dos "autômatos" nos séculos XVIII e XIX.[13] No entanto, é apenas no início do século XX que surge a tentativa de não apenas se descrever o corpo humano como uma espécie de máquina, mas também o projeto de se "reconstruir" a máquina humana de modo a torná-la mais eficaz e produtiva. Um dos principais ideólogos desse projeto de reconstrução e aperfeiçoamento da máquina humana foi Jules Amar, pesquisador argelino naturalizado francês, pioneiro da "ciência do trabalho". Amar foi o idealizador das próteses multiuso que aparecem no livreto da Cruz Vermelha e que o tornaram famoso tanto na Europa como nos Estados Unidos.[14] Em uma passagem da obra *O Motor Humano*, de 1914, Amar afirma por exemplo o seguinte: "O homem é, de fato, uma máquina automática, mas a ciência pode melhorar o seu funcionamento."[15]

A proposta funcionalista de Amar se estendia inclusive à função "estética" que a mão exercia fora do ambiente de trabalho. A ideia era que uma pessoa desprovida de uma das mãos tinha uma aparência assimétrica, e isso poderia ocasionar algum tipo de constrangimento durante o convívio social. Mas a assimetria, segundo Amar, poderia ser facilmente contornada com o encaixe de uma "mão de passeio" (*main de parade*).[16] Algumas próteses distribuídas na Alemanha seguiam o mesmo princípio e vinham acompanhadas de uma mão de madeira, sem qualquer função operacional, mas que podia ser acoplada nos momentos de lazer, ou no exercício de profissões que exigiam uma "boa aparência" tais como, por exemplo, porteiros de hotel, vendedores, etc.[17] A ideia era que, nesses casos, a mão tinha uma função estética, por oposição à função instrumental que ela exercia no ambiente das fábricas e indústrias.

Na Alemanha, a figura do *homo prostheticus* foi recebida com um misto de entusiasmo e ceticismo. Entusiasmo, porque as limitações naturais do corpo humano, aparentemente, poderiam ser abolidas graças aos avanços científicos e tecnológicos da era moderna. E ceticismo, porque os avanços científicos e tecnológicos da era moderna pareciam tornar as pessoas menos humanas do que eram antes do início da guerra.

Ferdinand Sauerbruch *vs.* Georg Schlesinger

A pergunta sobre o que realmente importava no design das próteses para os ex-combatentes – se era a abordagem "funcional" ou a tentativa de se criar um tipo de prótese que buscasse imitar a anatomia do corpo humano – foi um ponto de intenso debate na época, especialmente na Central de Testes para Membros Substitutos (*Prüfstelle für Ersatzglieder*). Essa instituição foi criada em 1915 na Alemanha com o objetivo de elaborar próteses e políticas públicas voltadas à reintegração social dos ex-combatentes. Nela, médicos e engenheiros deveriam trabalhar em pé de igualdade, junto com os gestores de políticas públicas.[18] Mas isso não impediu que surgisse dentro da instituição um conflito entre a proposta do engenheiro Georg Schlesinger e a proposta do cirurgião Ferdinand Sauerbruch.[19] Enquanto Schlesinger privilegiava uma abordagem mais funcional, parecida com a proposta de Amar na França, Sauerbruch propunha uma abordagem mais "holística", ou seja uma abordagem que envolvesse o design funcional da prótese, mas sem se afastar demais da anatomia do corpo humano. Para Sauerbruch, o trabalho era apenas um dos aspectos relevantes na vida dos ex-combatentes. Como ele afirma numa obra de 1916:

> [...] nossos soldados desejam não apenas um membro para o trabalho [*Arbeitsglied*], mas também um membro substituto [*Ersatzglied*] e por isso valorizam bastante a imitação externa da mão.[20]

A abordagem proposta Sauerbruch consistia em tentar atender o desejo que os ex-combatentes tinham de ter uma prótese que se parecesse com uma mão de verdade. Por outro lado, Sauerbruch não estava interessado em elaborar uma nova versão da "mão de passeio". Sua intenção era criar membros artificiais realmente funcionais, capazes de imitar, tanto quanto possível, a anatomia e a operacionalidade de braços, mãos e pernas naturais. A ideia, portanto, não era proporcionar ao amputado, por exemplo, uma prótese em forma de alicate que "funcionasse" como mão, mas uma mão artificial que pudesse operar um alicate. Além disso, Sauerbruch não queria uma prótese "passiva", ou seja, uma prótese cujas articulações teriam de ser operadas pela mão natural.[21] A razão para isso era óbvia: muitos ex-combatentes haviam perdido as duas mãos. Portanto, a mão protética não poderia depender de uma mão natural. A prótese que Sauerbruch defendia foi projetada para ser integrada à musculatura remanescente no corpo do indivíduo. Sauerbruch desenvolveu, inclusive, as técnicas cirúrgicas necessárias para que os tendões e músculos remanescentes pudessem acionar a prótese.[22] Um filme de 1937, por exemplo, mostra que os usuários da prótese de Sauerbruch eram capazes de realizar movimentos finos, tais como manejar uma xícara de café e até mesmo riscar um palito de fósforo e acender um cigarro.[23] Esses movimentos certamente não poderiam ser realizados com uma prótese que tivesse um alicate ou outra ferramenta acoplada na ponta.

No entanto, foi a proposta de Schlesinger que acabou prevalecendo. Schlesinger e os defensores da abordagem mais funcional – por oposição à abordagem mais holística e anatômica – alegavam, com razão, que a prótese de Sauerbruch era muito cara para ser produzida em massa. Ela continha muitos componentes frágeis, o que a tornava propensa a defeitos frequentes. Além disso, era preciso criar cirurgicamente um canal na extremidade do membro amputado para que a musculatura remanescente pudesse acionar a prótese. Um pino de marfim atravessava o canal de um lado a outro. O mecanismo de tração da prótese era então conectado às extremidades do pino. Esse canal, porém, exigia uma assepsia especial e, mesmo assim, deixava o indivíduo vulnerável a infecções. A cirurgia necessária para a criação do canal elevava ainda mais o custo da prótese e ampliava o tempo que os ex-combatentes teriam de passar se recuperando no hospital, contribuindo para o risco de infecção hospitalar.

Contra a abordagem holística e economicamente inviável defendida por Sauerbruch, a ideia de Schlesinger era aplicar à produção de próteses um dos princípios básicos do design industrial moderno: "a forma segue a função."[24] Os esforços de médicos e engenheiros deveriam se concentrar, portanto, não sobre a imitação da anatomia do corpo humano, mas sobre a execução das diversas funções que as mãos, braços e pernas desempenham no dia a dia das pessoas. Segundo Schlesinger, alguns importantes avanços tecnológicos na história da ciência somente se tornaram possíveis a partir do momento em que as pessoas desistiram de imitar o paradigma da anatomia animal. Schlesinger sugere como exemplo o avião: foi preciso, primeiramente, abandonar a ideia de se construir uma máquina que batesse as asas como um pássaro para que, somente então, seres humanos pudessem construir aviões. Não demorou muito, inclusive, para que as pessoas começassem a voar bem mais alto e mais rápido do que os pássaros. O desenvolvimento de novas próteses, segundo Schlesinger, deveria seguir um princípio similar e, portanto, deveria abrir mão da tentativa de se imitar a anatomia de nossas mãos, braços, e pernas naturais.[25]

Schlesinger foi um dos pioneiros na difusão do taylorismo na Alemanha.[26] Como diretor da Central de Testes para Membros Substitutos, ele foi responsável pela padronização e ampla distribuição das próteses funcionais entre os feridos de guerra.[27] A padronização das próteses tinha como objetivo garantir que os ex-combatentes pudessem receber do governo um modelo padrão de prótese ao qual seriam então acoplados diferentes tipos de ferramentas e instrumentos, intercambiáveis entre si.[28] A padronização afetava também, por outro lado, o trabalho dos médicos, pois o coto − extremidade do membro amputado − deveria ser preparado cirurgicamente para garantir o encaixe da prótese com um mínimo de atrito e desconforto para os usuários. Esse procedimento, evidentemente, representava uma espécie de "normatização" do corpo também: o corpo deveria se ajustar à prótese padrão tanto quanto a prótese ao corpo previamente ajustado.[29] Essa dupla normatização garantiria mais tarde, como pretendia Schlesinger, a alocação do "homem adequado no lugar certo."[30]

Schlesinger procurou incentivar os empresários do pós-guerra a readaptar suas fábricas e parques industriais às peculiaridades dos novos trabalhadores.[31] Seu argumento era que a divisão e racionalização do trabalho tornavam os portadores de próteses ainda mais produtivos e menos vulneráveis à fadiga do que seriam com seus membros naturais.[32] Schlesinger tinha a seu favor o apoio do governo alemão, ávido para que a população se convencesse de que, a despeito da guerra, da qual o país saíra derrotado e endividado, a vida continuava normalmente para todos, e talvez até mais produtiva do que antes.[33] As próteses do pós-guerra, aliadas aos programas para racionalização do trabalho e à propaganda do governo, prometiam aos ex-combatentes uma forma de "aprimoramento", ainda que a expressão "aprimoramento humano" não fosse corrente nos debates políticos e científicos da época. Restava saber, no entanto, quem sairia beneficiado pelo "aprimoramento" prometido pelos governos e pelos cientistas do trabalho – os ex-combatentes ou o parque industrial da época.

"A minha prótese não fala francês"

A despeito do entusiasmo de Schlesinger e do incentivo de políticas públicas, muitas pessoas começaram a perceber as próteses do período entreguerras não tanto como instrumentos para restauração e aprimoramento de capacidades humanas, mas como um passo adiante no processo de desumanização dos ex-combatentes. Ao mesmo tempo em que prometiam uma espécie de emancipação frente aos estreitos limites da condição humana, as próteses despertavam também, entre artistas, cineastas e escritores do período entreguerras, a suspeita de que, no final das contas, elas seriam apenas mais um instrumento de opressão na vida das pessoas. Longe de nos elevar à condição de *super-homens*, as próteses pareciam nos reduzir à posição de máquinas numa linha de produção. Essa reação crítica à figura do *homo prostheticus* foi bastante forte nas artes visuais, especialmente nas obras de artistas de língua alemã como, por exemplo, Otto Dix, Raoul Hausmann, George Grosz, Heinrich Hoerle, e Rudolf Schlichter, e Fritz Lang.

Se as próteses eram tão boas, para empregadores e empregados, por que então não instituir de uma vez um "sistema econômico protético" (*Prothesenwirtschaft*)? Essa é a pergunta que o artista e escritor austríaco Raoul Hausmann formulou de modo sarcástico num artigo de 1920. O texto ocupa pouco mais de uma página, e é mais uma sátira do que uma análise detalhada da situação econômica e política da Alemanha. Mas nem por isso Hausmann deixa de ser um autor importante para a compreensão da crítica à imagem do *homo prostheticus* e das promessas do aprimoramento humano nessa época. Já que as próteses supostamente tornavam os ex-combatentes mais produtivos e resistentes à fadiga, o governo poderia muito bem – sugere Hausmann com sarcasmo – ampliar o número de horas trabalhadas, e reduzir em quantidade a comida fornecida: "vinte e cinco horas diárias de trabalho, pois uma prótese nunca fica cansada. [...] graças ao membro que lhe falta o homem-prótese [*Prothesenmann*] não precisa de alimentação completa."[34] O excesso de confiança na capacidade produtiva dos usuários de próteses, para Hausmann, induzia as pessoas a supor que, a despeito do cataclismo na Europa, a guerra não fora assim tão ruim, pois o conflito teria permitido a emergência de uma "classe superior" de operários: "O usuário de prótese é, portanto, um homem melhor, por assim dizer elevado pela guerra a uma classe superior."[35] Em outro texto da mesma época Hausmann afirma também o seguinte: "Qualquer criança sabe o que é uma prótese. Para o homem comum ela é hoje tão necessária quanto a cerveja antigamente. O braço ou perna dum proletário só fica mesmo bacana quando tem uma prótese assentada na ponta."[36]

Outros artistas do período entreguerras como, por exemplo, George Grosz, Heinrich Hoerle, e Rudolf Schlichter também retrataram de modo sombrio o dia a dia dos ex-combatentes portadores de próteses. Evidentemente, o objetivo desses artistas não era o de ridicularizar, por meio de pinturas, fotomontagens e colagens, a vida já bastante difícil dos veteranos de guerra. O que eles pretendiam era criticar o entusiasmo com que a figura do *homo prostheticus* era divulgada pelo governo da Alemanha, e chamar atenção para o processo de desumanização iniciado com a guerra. Hoerle, por exemplo, expôs um quadro intitulado "Monumento à prótese desconhecida", no qual a imagem de ex-combatentes, sem expressão facial discernível, se mescla à imagem de próteses.[37] Grosz também retrata, em várias obras, ex-combatentes munidos de prótese e destituídos de individualidade, incapazes de retornar ao trabalho e à vida sexual que tinham antes da guerra.[38]

Metropolis, filme de Fritz Lang estreado em 1927, também pode ser compreendido como uma crítica à figura do *homo prostheticus*. A história se passa em 2026, cem anos a contar a partir do ano em que o filme foi lançado. Num dos intertítulos, o cientista Rowang, no momento em que exibe Maria, uma mulher-robô criada para substituir a esposa que ele amava, ergue sua mão protética e pergunta em seguida: "Não vale a pena perder uma mão para ter criado o ser humano do futuro, o ser-humano-máquina [*Maschinen-Menschen*]?"[39]

A crítica à figura do *homo prostheticus* aparece também, de modo bastante significativo, num texto de Sigmund Freud publicado em 1930, conhecido em português como *O Mal-Estar na Cultura* (ou às vezes também como *Civilização e seus Descontentes*). Freud sustenta que a sociedade moderna, apesar de todos os avanços tecnológicos, permanecia incapaz de proporcionar aos indivíduos a felicidade que ela parecia prometer. Freud tem especialmente em vista aqui a cultura das próteses que imperava no período entreguerras. Ele compreende "prótese" em um sentido bastante amplo, para se referir a qualquer instrumento que nos permita ver, escutar, memorizar, trabalhar, ou nos locomover melhor do que faríamos se tivéssemos de contar apenas com nossas capacidades físicas e cognitivas naturais. Freud reconheceu que as próteses de sua época haviam adquirido um significado simbólico bastante importante. Quanto mais as próteses ampliavam os horizontes das limitações humanas, mais elas nos aproximavam também da encarnação de um ser omnipotente, como se as próteses tivessem o poder de nos alçar à posição de deuses:

> O homem, por assim dizer, tornou-se uma espécie de Deus de prótese [*Prothesengott*]. Quando faz uso de todos os seus órgãos auxiliares [*Hilfsorgane*], ele é verdadeiramente magnífico; esses órgãos, porém, não cresceram nele e, às vezes, ainda lhe causam muitas dificuldades. Não obstante, ele tem o direito de se consolar pensando que esse desenvolvimento não chegará ao fim exatamente no ano de 1930. As épocas futuras trarão com elas novos e provavelmente inimagináveis [*unvorstellbar*] grandes avanços nesse campo da civilização [*Kultur*] e aumentarão ainda mais a semelhança do homem com Deus. No interesse de nossa investigação, contudo, não esqueceremos que atualmente o homem não se sente feliz em seu papel de semelhante a Deus.[40]

As próteses, de fato, às vezes ainda causavam "dificuldade" e desconforto: em 1923, Freud descobriu que tinha um tumor na boca. O tumor foi removido, mas o seu maxilar teve de ser extraído também. No lugar do maxilar natural foi implantada uma prótese. O procedimento pode ter salvado a vida de Freud, mas a prótese lhe causava dor e dificultava a articulação da fala. Apesar disso, Freud parece não ter perdido o humor. Em 1930, ele se recusou a dar uma entrevista para uma jornalista francesa e mandou que lhe explicassem o seguinte: "A minha prótese não fala francês".[41] Na passagem de *O Mal-Estar na Cultura*, citada acima, Freud parece menos pessimista com a figura do *homo prostheticus* do que Otto Dix, Raoul Hausmann, George Grosz, Fritz Lang e outros intelectuais da época. Ele não afirma diretamente que os avanços tecnológicos da época tornaram a vida pior. Freud apenas se mostra reticente quanto às implicações futuras decorrentes da criação de novas tecnologias para fins de aprimoramento – tecnologias que nos colocam num "papel de semelhante a Deus". Parece-me bastante significativo o modo como Freud, ao tratar desse tema em 1930, deixa em aberto as possibilidades "inimagináveis" do aprimoramento humano, pois é essa a situação em que nos encontramos agora, incertos em nosso "papel de semelhante a Deus", numa posição, inclusive, de recriarmos a natureza humana, como vimos nos capítulos 8 e 9.

Não é difícil perceber que nos últimos anos, quase um século após as críticas de Hausmann e outros artistas às próteses do período entreguerras, surge novamente a preocupação com a capacidade que a ciência e a tecnologia teriam para desumanizar os seres humanos. Para filósofos como Jürgen Habermas e Michael Sandel, como vimos no capítulo 9, a busca pelo aprimoramento humano é moralmente inaceitável: ela entra em conflito com a "autocompreensão ética da espécie" (Habermas), ela nos impede de apreciar "nossa capacidade de nos vermos a nós próprios compartilhando um destino comum" (Sandel). Para Habermas e Sandel o aprimoramento humano seria uma ameaça à nossa natureza humana compartilhada. Mas eles estão certos? Nós realmente nos "desumanizamos" quando conferimos a nossos corpos funções novas ou pouco naturais? Parece-me que não.

Braços de brinquedo e pernas de cristal

Se voltarmos a nossa atenção para alguns desenvolvimentos recentes no design de membros protéticos, percebemos que a abordagem funcional defendida por Amar e Schlesinger, há mais de cem anos, e criticada por Hausmann e outros intelectuais de língua alemã no período entreguerras, está em ascensão novamente. O *homo prostheticus* está de volta! Começa surgir agora uma nova geração de próteses que não pretende mais simplesmente imitar a anatomia do corpo humano. As novas próteses parecem, de fato, bem pouco naturais. No entanto, a meu ver, ninguém diria hoje em dia, por exemplo, que as pernas protéticas do tipo Flex-Foot, criadas por Van Phillips, desumanizam atletas paraolímpicos como Alan Fonteles e Oscar Pistorius. Essas próteses, na verdade, tornam os amputados mais rápidos do que muitos atletas "normais".[42]

Os braços protéticos projetados pelo designer colombiano Carlos Torres, assim como as próteses do tipo Flex-Foot, também lembram bem pouco a anatomia do corpo humano natural. Eles foram projetados para funcionar como um brinquedo do tipo LEGO (*figura 7*). Mas disso não se pode concluir que eles desumanizam as crianças.[43] Em outubro de 2016, a cidade de Zurique, na Suíça, sediou a primeira versão do Cybathlon – os Jogos Olímpicos para ciborgues.[44] Os participantes tinham de "pilotar" seus corpos, semelhantes a máquinas, ao longo de uma série de desafios. Eles eram chamados "pilotos" ao invés de "atletas", mas nem por isso eles se sentiam desumanizados.[45]

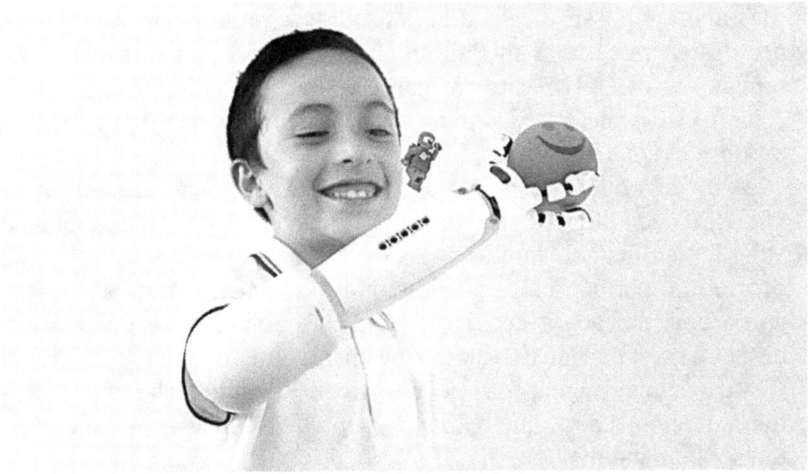

Figura 7. Prótese em formato de brinquedo do tipo LEGO do designer colombiano © Carlos Torres. O autor agradece a permissão para publicação da imagem.

É bem pouco provável que artistas contemporâneos se sintam tentados a retratar como figuras grotescas paratletas correndo sobre próteses do tipo Flex-Foot, ou crianças com um braço de LEGO, ou os "pilotos" da Cybathlon em Zurique. Muito pelo contrário. Alguns artistas já até criaram próteses que têm o status de verdadeiras obras de arte.

Considere, por exemplo, as próteses desenvolvidas por Sophie de Oliveira Barata, na Inglaterra. As próteses que ela desenvolve contrastam deliberadamente com a anatomia do corpo humano natural. No passado, Amar e Sauerbruch podem ter reconhecido que, na vida das pessoas, as próteses deveriam desempenhar uma função estética também. Mas Oliveira Barata vai muito além. Por que nos contentarmos com uma prótese que nos garante uma boa aparência, se podemos ter uma obra de arte no lugar de nossas mãos e pernas naturais? Por que não adotar uma perna de porcelana com motivos florais, ou uma perna com alto-falantes estéreos incrustada de diamantes? Ou que tal uma perna de cristal? As próteses de Oliveira Barata oferecem todas essas possibilidades.

Uma das maiores vantagens da abordagem funcional é que os membros protéticos não têm uma aparência *fake*, como se fossem simples imitações de membros naturais. Quando as pessoas olham para próteses convencionais, elas podem talvez até sentir pena do amputado, pois a cópia estará sempre aquém do modelo original. Mas agora é possível que, diante das novas próteses, desenvolvidas por designers como Van Phillips, Carlos Torres, e Oliveira Barata, muitas pessoas talvez sintam mais admiração do que piedade pelos usuários de próteses. Elas terão de pensar duas vezes antes de chamá-los de *deficientes*.

À medida que o design das próteses evolui, graças aos desenvolvimentos tecnológicos recentes, nossa percepção do corpo humano vai se modificando também. Próteses não são mais vistas, como ocorreu no período entre a Primeira e a Segunda Guerra Mundiais, como uma ameaça à nossa humanidade comum. Pelo contrário, a despeito do sarcasmo de Raoul Hausmann – inteiramente justificável frente às circunstâncias da época – talvez possamos falar agora, exatos cem anos depois, que o *homo prostheticus* tenha se tornado, sim, um ser humano melhor.

O surgimento do *homo prostheticus* na década de 1920 desencadeou a primeira onda de discussões sobre a ética do aprimoramento humano, ainda que a expressão "aprimoramento humano" possa não ter sido utilizada na época. A figura do *homo prostheticus* era vista com suspeita por muitos artistas, escritores e cineastas devido ao modo como as próteses distorciam as linhas da anatomia natural do corpo humano. Mas agora o *homo prostheticus* está de volta. E isso nos permite perceber, sob uma nova perspectiva, que a falta de naturalidade não é uma razão para rejeitarmos a perspectiva de recorrermos a novas tecnologias para modificarmos o corpo humano e expandirmos e aprimoramos nossas capacidades naturais.

Sugestão de audiovisual e leitura

Barry, Max. (2012). *Homem-Máquina* (traduzido por Fábio Fernandes). Rio de Janeiro: Intrínseca. (Originalmente publicado em 2011).

Lang, Fritz (direção); von Harbous, Thea (roteiro). (1927). *Metropolis*. Alemanha: Parufamet (distribuição).

Nicolelis, Miguel. (2011). *Muito além do nosso eu: A nova neurociência que une cérebro e máquinas – e como ela pode mudar nossas vidas*. São Paulo: Companhia das Letras.

Oliveira Barata, Sophie: *The Alternative Limb Project* (Lewes). Site: www.thealternativelimbproject.com

* * *

PARTE IV
Entrevistas

12

"O uso de tecnologias para fins de aprimoramento agravaria desigualdades sociais?"

Entrevista com Patrícia Fachin (2015)

1. *Em que consiste sua pesquisa sobre aprimoramento humano?*

RESPOSTA: A expressão "aprimoramento humano" (ou *human enhancement*, em inglês) diz respeito ao uso de drogas, equipamentos, e procedimentos para melhorar nosso desempenho em diferentes tipos de atividades físicas ou cognitivas. O "aprimoramento humano" é especialmente conhecido nos esportes: um atleta, além de treinar duro, pode tentar "aprimorar" sua performance através do uso de medicamentos. Quando o medicamento em questão é banido por algum órgão regulador, isso é conhecido como *doping*. O objetivo do atleta é obter uma pequena margem de vantagem que ele ou ela não teria sem o uso do medicamento. Mas existem outros tipos de atividades em que as pessoas também vêm buscando "aprimoramento", sem que algum órgão regulador possa intervir para determinar se isso é ou não aceitável: jogadores de xadrez, soldados em operações militares, e estudantes vêm recorrendo a medicamentos para se manter alertas no exercício de atividades que exigem muita concentração. A Federação Internacional de Xadrez (FIDE) decidiu proibir o uso de certas substâncias como modafinil (vendido no Brasil como Stavigile) em competições oficiais. Entre soldados, envolvidos em certos tipos de operações militares, ocorre justamente o contrário: são seus governos que exigem deles o uso de drogas como modafinil para que possam permanecer alertas por mais tempo. Mas quando essas drogas são usadas por estudantes não é claro se eles estão ou não cometendo algum tipo de infração. Evidentemente, eles estarão cometendo uma infração se obtiverem os medicamentos por meios ilegais, ou se forçarem outras pessoas a usar esses medicamentos. Mas haveria alguma coisa de moralmente inaceitável no uso dessas drogas para fins de "aprimoramento cognitivo"? Se tomamos por exemplo café para nos manter alertas durante longas horas de estudo, por que não poderíamos também recorrer a medicamentos na expectativa de obter uma performance ainda melhor do que teríamos se bebêssemos várias xícaras de café? E se – apenas a título de hipótese – pudéssemos melhorar nossas faculdades cognitivas (memória e capacidade para concentração, por exemplo), não por meio de drogas cujo efeito se perde após algumas horas, mas por meio de próteses cerebrais, ou por meio de manipulação genética? Isso seria moralmente aceitável? O uso de tecnologias para fins de aprimoramento agravaria desigualdades sociais? Ou, pelo contrário, tecnologias para aprimoramento não poderiam talvez proporcionar uma "compensação" para aquelas pessoas que, por conta de desigualdades sociais, não tiveram bom desempenho na escola ou em concursos? Em minha pesquisa, tenho me ocupado de questões como essas, questões acerca das implicações morais e políticas da busca pelo aprimoramento humano. Trata-se de um debate ainda incipiente no Brasil, mas que tem recebido muita atenção, tanto em publicações acadêmicas como também na imprensa, em países como Alemanha, Estados Unidos, e Inglaterra.

2. *Quais são os principais problemas filosóficos que emergem das discussões sobre aprimoramento humano?*

RESPOSTA: A questão sobre o aprimoramento humano suscita vários problemas para a filosofia moral e para a bioética. Há, por um lado, uma série de questões normativas: quais tipos de aprimoramento deveriam ser permitidos, banidos, ou exigidos pelos governos? Os indivíduos teriam um direito fundamental de buscar livremente, cientes dos riscos envolvidos, tecnologias que tenham o potencial para melhorar suas faculdades físicas e cognitivas? Pessoas que, em princípio, não teriam nenhum interesse em buscar aprimoramento para si mesmas não poderiam talvez se sentir indiretamente compelidas a buscar aprimoramento, se outras pessoas fizerem isso? Se o mercado de trabalho, por exemplo, privilegiar a admissão de pessoas dispostas a usar medicamentos que as torne mais focadas e, portanto, capazes de produzir mais, não surgiria então uma pressão social para que cada vez mais pessoas fizessem uso dos métodos de aprimoramento, contribuindo para o faturamento, por exemplo, da indústria farmacêutica?

Além de questões normativas, a busca pelo aprimoramento suscita também, por outro lado, uma questão fundamental para a filosofia: a questão sobre a compreensão que temos de nós próprios como seres humanos. O que significa se compreender como "ser humano" a partir do momento em que nossas faculdades cognitivas e físicas forem radicalmente aprimoradas, ou talvez mesmo em parte substituídas, por meio da intervenção de novas tecnologias? Algumas pessoas subordinam a busca pelo aprimoramento a um projeto ainda mais amplo, conhecido como "transhumanismo" ou "pós-humanismo".[1] O que está em questão na discussão sobre transhumanismo é a pergunta sobre se não poderíamos modificar radicalmente a "natureza humana", e explorar novos limites para a "condição humana".

3. *O uso de próteses tem para muitas pessoas uma finalidade, por exemplo, "corretiva" no sentido de reparar alguma limitação física. Contudo, toda vez que se discute o uso de próteses ou, por outro lado, a criação de ciborgues, o debate ganha uma dimensão moral. A partir de que momento o uso de próteses ou de melhoramento humano em geral pode suscitar uma discussão moral, ou seja, a partir de que momento essa passa a ser uma discussão sobre moral?*

RESPOSTA: Parece-me que a busca por próteses "corretivas" já envolve uma questão moral. O que se busca com a fabricação de uma prótese é permitir a indivíduos que, por exemplo, passaram por uma amputação, possam recuperar certas capacidades físicas naturais perdidas em um acidente. A prótese permite aos indivíduos, por exemplo, participar do mercado de trabalho em condição de igualdade com as outras pessoas. E mesmo que a prótese não proporcione a restituição completa de capacidades físicas naturais, ela pode, em alguns casos, ser relevante para restituir a autoestima do indivíduo. Ela pode, por exemplo, desempenhar um papel importante na compreensão que uma pessoa tem de si mesma como homem ou como mulher. É essa uma das funções, por exemplo, das próteses mamárias.

Mas próteses podem também proporcionar, em algumas circunstâncias, mais do que a simples restituição de uma capacidade física: elas podem também proporcionar um tipo de aprimoramento. O cenário da ficção científica está repleto de figuras que adquirem poderes fantásticos graças ao uso de "super-próteses". Pense por exemplo em filmes como *O Homem de 6 milhões de Dólares* (1974-1978, *ABC*), *Robocop* (1987, direção de Paul Verhoeven), ou *Eu, Robô* (2004, direção de Alex Proyas). Mais recentemente, o escritor australiano Max Barry, no romance *O Homem Máquina* (2012), narra a história de um homem que teve uma perna amputada em um acidente. Ele recebe então uma prótese no lugar da perna. O homem fica tão satisfeito com sua prótese que, aos poucos, decide substituir outras partes do seu corpo por próteses sofisticadas. Embora sejam obras de ficção científica, filmes e livros podem levantar questões filosóficas importantes sobre a moralidade do aprimoramento humano por meio de próteses.[2]

Longe dos cenários de ficção científica, temos, por exemplo, o caso do corredor sul-africano Oscar Pistorius. Em 2012, nas Olimpíadas de Londres, Pistorius correu sobre próteses lado a lado de atletas normais. Esse foi um caso sem precedentes em competições desse tipo na história das Olimpíadas. Mas a participação de Pistorius gerou também muita controvérsia, pois houve na época a suspeita de que as próteses que ele usava não apenas o colocavam em condição de igualdade com outros atletas. As próteses, como várias pessoas alegaram, davam a Pistorius uma vantagem desleal sobre os demais competidores. Muitas pessoas insistiram então para que o Comitê Olímpico banisse o uso de próteses nas competições que envolvessem corredores normais. As próteses de Pistorius supostamente funcionavam como uma espécie de doping.[3] Mas poderíamos nos perguntar se essa proibição, que impede que paratletas disputem lado a lado de atletas normais, não representaria um tipo de injustiça relativamente aos atletas portadores de necessidades especiais. O Comitê Olímpico, aparentemente, decidiu por enquanto não permitir que atletas que correm sobre próteses disputem novamente lado a lado de atletas normais. Mas vamos supor que no futuro essa decisão seja revista, talvez por uma questão de justiça para com os atletas portadores de necessidades especiais; e vamos supor também, além disso, que atletas que correm sobre próteses comecem a ganhar, com cada vez mais frequência, medalhas de ouro em competições que rendem aos atletas milhões de dólares oriundos de patrocinadores e campanhas publicitárias: não poderia então surgir o desejo, entre vários atletas profissionais, de substituir suas pernas e braços naturais por super-próteses? Haveria algo de imoral nisso? Atletas menores de 18 anos poderiam exigir a amputação de uma perna para que possam mais tarde ter a expectativa de participar dos jogos olímpicos? Em 2014 a paratleta britânica Danielle Bradshaw (então com 15 anos de idade), que corria com uma prótese no lugar da perna direita, solicitou a amputação do pé esquerdo para que pudesse correr mais rapidamente e, assim, seguindo o exemplo de Pistorius, tivesse mais chances de disputar nas Olimpíadas um dia. A amputação – até onde sei – não foi realizada. Mas os cirurgiões estariam legalmente – ou pelo menos moralmente – obrigados a realizar essas amputações voluntárias? Essas são questões que apenas aos poucos começam a emergir, mas que terão de ser debatidas pela filosofia moral daqui para a frente.

4. *Quais são, ainda nesse sentido, as discussões morais acerca do aprimoramento cognitivo e do aprimoramento genético? Que tipo de aprimoramento cognitivo ou genético é ou não considerado moral?*

RESPOSTA: "Aprimoramento cognitivo" e "aprimoramento genético" são categorias diferentes. A primeira diz respeito a um *domínio* de atividades passível de aprimoramento; a segunda, por outro lado, diz respeito a um *método* de aprimoramento. Por "aprimoramento cognitivo" se entende um aumento de nossa capacidade para memorizar, processar informação, e de nos concentrarmos durante longos períodos de tempo. Quando uma pessoa tem sua capacidade cognitiva comprometida em função de problemas como, por exemplo, TDAH (Transtorno do Déficit de Atenção com Hiperatividade), ou Alzheimer, ela pode recorrer a medicamentos na expectativa de "tratar" o seu problema. Nesse caso, não falamos em "aprimoramento", mas de "tratamento". Mas quando uma pessoa, que não tem nenhuma doença que comprometa suas faculdades cognitivas, recorre a medicamentos na expectativa de melhorar sua capacidade de se concentrar e memorizar, então falamos em "aprimoramento cognitivo", e não em "tratamento". No debate contemporâneo sobre a moralidade do aprimoramento cognitivo o "método" para aprimoramento geralmente envolve o uso de medicamentos como, por exemplo, Ritalina, Stavigile, Adderall, Piracetam, Sunifiram, Aricept, Guanfacine, etc. Essas drogas passaram a ser conhecidas como *smart drugs* ou nootrópicos. Seus efeitos de longo prazo sobre as pessoas que não necessitam de nenhum tipo de tratamento ainda são desconhecidos. E mesmo a capacidade que elas teriam de realmente proporcionar alguma forma de aprimoramento cognitivo é às vezes contestada. Parte do problema relativo à falta de conhecimento sobre a eficiência e a segurança envolvidas no uso dessas drogas decorre do modo como governos e a sociedade civil costumam lidar com a distinção entre "tratamento" e "aprimoramento". Ninguém nega que tenhamos uma obrigação moral de, tanto quanto possível, proporcionarmos às pessoas remédios para fins de "tratamento" de eventuais deficiências cognitivas. Mas, por outro lado, a moralidade do "aprimoramento" cognitivo permanece questionável. Prescrever e adquirir, para fins de aprimoramento, medicamentos originalmente criados para o tratamento de problemas como TDAH, narcolepsia, ou Alzheimer é, em quase todos os países, ilegal. Mas isso, por outro lado, não tem impedido estudantes de buscar drogas como Ritalina e Stavigile para fins de aprimoramento. A proibição, além de colocar essas pessoas em uma situação de ilegalidade, desestimula as pesquisas sobre a eficácia e a segurança de substâncias que, em princípio, poderiam ser usadas de modo seguro e eficaz para fins de aprimoramento, e não apenas para tratamento. A proibição e a desinformação acabam tendo também como consequência a gradual formação de uma rede para o comércio ilegal de *smart drugs* sobre as quais os governos têm pouco ou nenhum controle.[4]

Mas é importante notar que o recurso a medicamentos não é o único método na busca por aprimoramento. Já existem no mercado aparelhos eletrônicos de uso externo – e de segurança e eficácia ainda questionáveis – para promover a concentração e o aprendizado através da "estimulação magnética transcraniana". Especula-se também que, no futuro, seria tecnicamente possível, ainda que moralmente questionável, manipular geneticamente embriões humanos para fins de aprimoramento cognitivo. Essa especulação torna a discussão sobre a moralidade do aprimoramento humano ainda mais complexa e envolta em controvérsias, pois o aprimoramento humano por meio de manipulação genética não afetaria apenas um indivíduo, mas todos os descendentes do indivíduo "aprimorado". Isso significa dizer que os riscos envolvidos no aprimoramento afetariam toda a *germline* do indivíduo. A incerteza sobre como o aprimoramento cognitivo (ou outras formas de aprimoramento humano) poderia afetar negativamente a vida de gerações futuras seria, a meu ver, uma forte razão para, pelo menos por enquanto, rejeitarmos como moralmente inaceitável o aprimoramento humano por meio de manipulação genética. Em abril de 2015, uma equipe de cientistas chineses publicou um artigo no qual afirmam ter "editado" o genoma de embriões humanos.[5] O artigo desencadeou rapidamente um debate mundial sobre a moralidade desse tipo de experimento. Aparentemente, as revistas *Nature* e *Science* se rejeitaram a publicar o artigo da equipe chinesa por razões éticas. Mas o artigo acabou sendo publicado na revista *Protein & Cell*, sediada em Pequim. Os cientistas chineses tiveram o cuidado de descartar os embriões geneticamente modificados, pois não tinha a intenção de dar início a uma gestação. O descarte de embriões humanos, é importante mencionar, ocorre também cotidianamente em clínicas para reprodução assistida.[6] A pesquisa dos cientistas chineses, embora não tenha sido inteiramente bem sucedida, e a despeito de todas as críticas, foi realizada na expectativa de que, no futuro, seja possível encontrar uma cura para doenças congênitas tais como Tay-Sachs, Huntington, fibrose cística, e algumas formas de Alzheimer. Não se tratava, portanto, de aprimorar um embrião humano, mas de corrigir problemas associados a doenças hereditárias. No entanto, a simples possibilidade de que, no futuro, o genoma humano possa ser editado para fins de aprimoramento foi suficiente para que alguns cientistas repudiassem publicamente o experimento chinês e conclamassem a comunidade científica internacional a uma suspensão – uma moratória – desse esse tipo de pesquisa.[7] Essa reação, contudo, não me parece coerente com práticas já existentes, e reguladas juridicamente, inclusive no Brasil.

Vamos supor que a tecnologia para edição do genoma humano se torne eficaz e segura no futuro, tão eficaz e segura que ela poderia ser usada para praticamente erradicar da humanidade doenças tais como, por exemplo, Tay-Sachs, Huntington, fibrose cística, e algumas formas de Alzheimer. Num cenário como esse, a busca por aprimoramento humano, por meio de manipulação genética, continuaria sendo moralmente inaceitável? Muitas pessoas provavelmente alegariam que sim: que o aprimoramento por meio de intervenção no genoma humano seria moralmente inaceitável, pois constituiria uma forma de *eugenia*. Mas, a meu ver, não é inteiramente claro por que razão deveríamos rejeitar o aprimoramento humano nesse caso. Muitos casais, e também mulheres que preferem engravidar sem o envolvimento afetivo ou sexual com um homem, recorrem à reprodução assistida e a bancos de sêmen para gerar uma criança. Em 2015, constatou-se que o número de importações de sêmen humano para fins de fertilização *in vitro* aumentou em mais de 500% no Brasil.[8]

Isso levou a empresa americana Fairfax Cryobank a abrir uma filial em São Paulo. O Brasil proíbe a comercialização de sêmen humano, mas não proíbe a sua importação. Diferentemente do que ocorre no Brasil, os bancos de sêmen nos Estados Unidos fornecem informações detalhadas sobre o histórico do doador. Só não revelam a sua identidade. No site em inglês da Fairfax Cryobank é possível escolher e comprar pela internet o sêmen, para posterior fertilização de um óvulo, conforme a cor dos olhos, cor do cabelo, raça e, é claro, conforme os indícios sobre a inteligência do doador. Evidentemente, não há nenhuma garantia de que a fertilização *in vitro* resultará em uma criança com todas as características atribuídas ao doador do sêmen utilizado. Mas o direito brasileiro, e mais especialmente o direito americano, não proíbem as pessoas de escolher livremente uma amostra de sêmen que tenha mais probabilidade de gerar uma criança com as características escolhidas, características que incluem, evidentemente, indícios da inteligência do doador. Mas se não proibimos as pessoas de fazer essas escolhas num cenário de incerteza como ocorre atualmente, por que deveria ser proibido num cenário futuro – ainda que meramente hipotético – no qual as chances de se gerar uma criança cognitivamente aprimorada seriam bem maiores?

No que concerne ao aprimoramento por meio de manipulação genética, é importante lembrar também que, embora ele seja atualmente rejeitado de modo enfático pela comunidade científica no caso de seres humanos, ele já existe para o aprimoramento de sementes de plantas, mais resistentes a pragas, e para o aprimoramento de animais para abate, menos vulneráveis a infecções.[9]

5. *De que maneira a atual concepção sobre melhoramento humano pode ser entendida como extensão ou variação do nosso desejo natural de aprimoramento?*

RESPOSTA: Eu usei aqui a expressão aprimoramento humano em um sentido bem restrito, para me referir unicamente ao aprimoramento buscado por meio de medicamentos, próteses, aparelhos, manipulação genética, etc. Mas é desnecessário dizer que a busca pelo aprimoramento, em um sentido mais amplo, é bastante antiga. Aristóteles por exemplo já havia percebido, na antiguidade, que há uma correlação entre, de um lado, nossos hábitos alimentares e o estilo de vida que levamos e, por outro lado, nosso melhor ou pior desempenho no exercício de atividades físicas. Para o aprimoramento cognitivo, em um sentido mais amplo da expressão, a tecnologia mais antiga e ao mesmo tempo mais confiável ainda é a educação: boas escolas, acesso à cultura, hábitos de leitura, etc. A busca pelo aprimoramento num sentido mais restrito não tem por objetivo substituir o aprimoramento num sentido mais amplo. O atleta que recorre a medicamentos para obter uma margem de vantagem não deixa de treinar duro. E estudantes que recorrem a Ritalina ou Stavigile para obterem boas notas não deixam de estudar com afinco. O aprimoramento no sentido restrito visa suplementar o aprimoramento em sentido amplo.

6. *Historicamente, como se iniciou a discussão sobre o aprimoramento humano? A partir de que momento esse passou a ser um tema relevante na filosofia e, desde então, como tem se dado a discussão na área?*

RESPOSTA: No caso específico do aprimoramento humano por meio de próteses, que é um tema pelo qual tenho me interessado atualmente, percebi que houve um debate sobre esse tema logo após a Primeira Guerra Mundial, sobretudo no contexto da Alemanha, devastada pela guerra. Isso, é claro, ocorreu porque o número de homens mutilados em consequência dos combates era monumental. Mas esse debate não era ainda um debate do qual participassem muitos filósofos. Foi sobretudo nas artes visuais e em obras de ficção que se discutiu a questão do aprimoramento humano por meio de próteses na primeira metade do século XX. Parece-me que, no âmbito do debate filosófico, a discussão sistemática sobre a moralidade do aprimoramento humano é bem mais recente. Isso se deve, presumo, aos avanços tecnológicos no âmbito da engenharia genética, da farmacologia, e da medicina reprodutiva nos últimos anos.

7. *Como a ideia de corpo humano como máquina aparece em obras filosóficas? Existem exemplos de filósofos que chamam atenção para esse aspecto?*

RESPOSTA: A compreensão do corpo humano como uma espécie de máquina remonta à filosofia mecanicista do século XVII. No *Discurso do Método*, de 1637, René Descartes já comparava o ser humano a "autômatos, ou máquinas moventes". No *Tratado do Homem*, de 1630, Descartes sugere que nossos órgãos internos interagem entre si como peças de uma máquina, como as molas e engrenagens de um sofisticado relógio. Thomas Hobbes, logo nas primeiras linhas do *Leviathan*, de 1651, sugere que nada nos impede de produzir "vida artificial". O mecanicismo de Hobbes e Descartes foi retomado mais tarde por filósofos como Julien Offray de La Mettrie, que publicou em 1748 um tratado intitulado *O Homem Máquina*. La Mettrie, na verdade, dá um passo adiante e nega que haja qualquer diferença qualitativa entre animais e seres humanos. Ainda no século XVIII o "homem máquina" deixa de ser uma simples especulação filosófica para inspirar também a obra de engenheiros e inventores que, dentro das possibilidades técnicas do século XVIII, se deram por tarefa criar suas próprias versões de "vida artificial". Jacques Vaucanson, por exemplo, construiu um tocador de flauta em tamanho natural. Pierre Jaquet-Droz criou um "autômato" capaz de desenhar e de escrever frases simples a partir de um sistema pré-programável de engrenagens.[10] Aliás, o filme *Hugo* (2011), de Martin Scorsese, faz uma referência ao "autômato" escritor e desenhista criado por Pierre Jaquet-Droz.

* * *

13

“Existe um mercado milionário de produtos médicos para pessoas saudáveis.”

Entrevista com Ricardo Machado (2016)

1. *Qual a questão de fundo que está por trás do debate em torno das smart drugs?*

RESPOSTA: Acredito que haja várias questões envolvidas no debate sobre *smart drugs*. Uma questão básica diz respeito à liberdade de acesso a drogas que, possivelmente, teriam a capacidade de aumentar a capacidade cognitiva das pessoas: a capacidade de se manter focadas sobre um problema durante várias horas de trabalho, a capacidade de memorizar melhor um determinado conteúdo, etc. O problema é que algumas drogas conhecidas como *smart drugs*, como por exemplo Ritalina (metilfenidato) e Stavigile (modafinil), não foram criadas para funcionar como *smart drugs*. Elas foram criadas para o tratamento de distúrbios como hiperatividade e narcolepsia. Mas quando usadas por pessoas que não sofrem de hiperatividade e narcolepsia, aparentemente, e segundo o relato de muitas pessoas, essas drogas teriam a capacidade de aumentar nossa capacidade cognitiva. Ninguém negaria que pessoas realmente diagnosticadas com hiperatividade ou narcolepsia devam ter acesso a essas drogas. Mas pessoas adultas, que não sofrem de hiperatividade ou narcolepsia, deveriam também ter o direito de adquirir livremente essas drogas, cientes dos riscos envolvidos? Acredito que sim, mas todo o problema é saber quais são de fato os riscos envolvidos. Como essas drogas não foram criadas para funcionar como *smart drugs*, não há ainda um conhecimento sistemático sobre a efetiva capacidade que elas teriam de proporcionar algum tipo de melhoramento cognitivo. E mais importante ainda: não existem estudos sistemáticos sobre seus efeitos de longo prazo sobre o organismo humano. Talvez uma forma de lidar com o problema relativo à falta de informações sobre a eficácia e segurança de algumas substâncias conhecidas como *smart drugs* seria estimular o debate sobre esse tema e incentivar a pesquisa científica sobre drogas que, aparentemente, teriam a capacidade de melhorar nossas faculdades cognitivas.

Outra questão envolvida no uso de *smart drugs* é a pergunta sobre se elas não seriam uma forma de doping. Se *smart drugs* se mostrarem de fato eficazes e seguras, seria moralmente aceitável, por exemplo, que um estudante obtivesse uma nota superior à nota de outros estudantes porque ele ou ela fez uso de *smart drugs* durante os estudos? Algumas pessoas compararam o uso de *smart drugs* nas universidades ao doping nos esportes. No entanto, essa comparação me parece equivocada. Muitas pessoas já usam, por exemplo, café para se manter acordadas e focadas nos estudos, sem que isso seja visto como um problema.

Outra questão envolvida no uso de *smart drugs* é a seguinte: pessoas que, em princípio, não teriam nenhum interesse em usar essas drogas poderiam acabar sofrendo uma pressão social para usá-las também, se a maior parte das outras pessoas fizerem uso de *smart drugs* para, por exemplo, terem um rendimento maior nos estudos ou no trabalho. Em outubro de 2015 essa questão foi formulada, por exemplo, por um comitê da UNESCO formado por filósofos, juristas, cientistas, e representantes de Estados. Há um trecho do documento da UNESCO que afirma o seguinte: "Isso [o aprimoramento humano] introduz o risco e novas formas de discriminação e estigmatização daqueles que não podem arcar com os custos de tal aprimoramento, ou simplesmente não querem recorrer a ele". Embora o documento da UNESCO tenha especificamente em vista o "aprimoramento humano" por meio de manipulação do genoma humano, o problema levantado se aplica também, a meu ver, ao uso de drogas para aumentar a nossa capacidade cognitiva. Por outro lado, é importante notar que outras tecnologias já têm se mostrado capazes de exercer alguma forma de "pressão social" nas últimas décadas, sem que seja claro se isso é moralmente condenável. Por exemplo: um estudante que, nos dias de hoje, não possui um computador, ou acesso à internet, certamente estará em desvantagem frente a outros estudantes. Ele ou ela terá menos acesso às informações indispensáveis à sua área de formação, e estará também excluído de redes de comunicações, imprescindíveis à prática da pesquisa científica. É claro então que há uma "pressão social" para que todos os estudantes façam uso de computadores conectados à internet, e é claro também que algumas empresas como Google, Apple ou Microsoft lucram muito com isso. Mas disso não se segue, a meu ver, que a disseminação do uso de computadores e de tecnologias para comunicação tornou a nossa sociedade mais injusta. Se um dia *smart drugs* se tornarem realmente seguras e eficazes, é possível que muitas pessoas acabem se sentindo "forçadas" a fazer uso delas, da mesma forma que muitas pessoas se sentem hoje "forçadas" a ter, no mínimo, um número de celular e um endereço de e-mail para poder se candidatar a um emprego. Contudo, não me parece claro que esse "estar forçado a" represente por si só uma grave forma de opressão ou um tipo de injustiça social.

2. *De que forma as smart drugs se relacionam com as discussões sobre o "pós-humanismo" e o "transumanismo"?*

RESPOSTA: O uso de *smart drugs* é descrito no debate filosófico contemporâneo como um tipo específico de "aprimoramento cognitivo". E o "aprimoramento cognitivo", por sua vez, é um capítulo específico de um debate filosófico mais amplo: o debate sobre "aprimoramento humano". Há diferentes modalidades de "aprimoramento humano": aprimoramento de nossas capacidades físicas, de nossas capacidades cognitivas, ou talvez até mesmo, como já sugerem alguns filósofos, de nossas capacidades morais.[1] Na busca pelo "aprimoramento humano", diferentes tipos de tecnologias podem ser empregadas: próteses que tornam as pessoas mais fortes e velozes, drogas para aumentar a capacidade de concentração e memorização, ou operações cirúrgicas para melhorar a visão acima do que seria considerado normal.[2] Mas as pessoas "aprimoradas" continuariam sendo seres humanos. Elas seriam apenas mais fortes, mais inteligentes, e teriam uma visão melhor do que a de outros seres humanos. Mas algumas pessoas já se perguntam também se não seria possível, no futuro, criar outras capacidades, se não seria possível modificar a natureza humana e ingressarmos numa era "pós-humana" em que as pessoas se tornariam "transhumanas".[3] Esse parece um cenário de ficção científica, sem dúvida. Mas diferentemente de *smart drugs*, cujo efeito é provisório, algumas tecnologias já podem ser integradas ao corpo humano como, por exemplo, as próteses auditivas do tipo "coclear". Já é possível também implantar no cérebro sensores que permitem a uma pessoa ativar "por pensamento" um braço mecânico. Esse tipo de tecnologia é conhecido na literatura científica como ICM (Interface Cérebro Máquina).[4] A ICM foi usada com sucesso em 2012 em uma mulher que sofrera um AVC (Acidente Vascular Cerebral) que a deixou paralisada do pescoço para baixo. Miguel Nicolelis, cientista brasileiro radicado nos EUA, publicou em 2009 na revista *Nature* um artigo sobre o uso de ICM em macacos.[5] Agora imaginemos um cenário em que as pessoas tenham cada vez mais, integradas em seus corpos, sensores, próteses, chips. etc. E acrescentemos a esse cenário uma interação cada vez maior entre pessoas e sistemas de inteligência artificial: até que ponto as pessoas ainda preservariam a sua identidade como "seres humanos"?

Mas talvez as tecnologias que se mostrem mais relevantes para o debate sobre "pós-humanismo" e "transhumanismo" sejam aquelas que permitem a "edição" do genoma humano. Em abril de 2015, cientistas chineses publicaram um artigo em que afirmam ter empregado CRISPR-Cas9, um novo método para edição de genoma, em 86 embriões humanos.[6] Os embriões usados no experimento eram "não viáveis", o que significa que não poderiam se desenvolver e formar um feto. O experimento tinha como objetivo investigar a possibilidade de cura para doenças congênitas tais como beta-thalassemia, Tay-Sachs, fibrose cística, hemofilia, etc. Mas a simples possibilidade de que, no futuro, essa mesma tecnologia possa vir a ser usada para modificar o genoma humano, e criar seres humanos "aprimorados", ou seres "transhumanos", já foi suficiente para gerar um grande debate entre filósofos, cientistas, e representantes de Estados sobre a moralidade da edição do genoma humano. Trata-se de um debate ainda em curso, mas que, até o momento, ainda não teve muitos reflexos no Brasil.

3. *Retomando um pouco a questão de fundo que orienta o debate moral acerca do tema, o que é considerado, atualmente, aprimoramento ou melhoramento humano? O que de fato isso significa?*

RESPOSTA: O debate sobre aprimoramento ou melhoramento humano parte de uma distinção básica: a distinção entre "tratamento" e "melhoramento" (ou "aprimoramento"). "Tratar" uma pessoa significa, de modo geral, fazer com que ela tenha um rendimento físico ou cognitivo similar ao de uma pessoa normal, ou seja uma pessoa mais ou menos da mesma idade, e que não tenha o mesmo tipo de problema físico ou cognitivo. "Aprimorar" (ou "melhorar"), no sentido relevante para o debate filosófico, significa elevar o rendimento físico ou cognitivo de uma pessoa saudável a um nível superior ao considerado normal. É claro que nem sempre é inteiramente claro o que deve ser considerado normal, mas a distinção é a meu ver um bom ponto de partida para a discussão. Se uma pessoa sofre de Alzheimer e tem a sua capacidade cognitiva prejudicada, isto é, se ela tem, por exemplo, problemas de memória, então ela pode ser "tratada". O tratamento tem como objetivo permitir que ela tenha basicamente a mesma capacidade cognitiva de pessoas de sua faixa etária que não sofrem de Alzheimer ou outro tipo de doença semelhante. Aprimoramento ou melhoramento, por outro lado, consiste em buscar um rendimento cognitivo ou físico acima do rendimento considerado normal. Isso geralmente é feito com as mesmas tecnologias, ou com os mesmos medicamentos usados para fins de tratamento. É claro que as pessoas são livres para buscar tratamentos para cuidar de suas enfermidades, e que o Estado tem alguma obrigação de proporcionar certos tipos de tratamento. Mas as pessoas devem também ter o direito de buscar aprimoramento? E seria obrigação do Estado garantir o aprimoramento de seus cidadãos? Essas são algumas das questões morais que o debate sobre aprimoramento humano envolve.

4. *Como a nanotecnologia e a biotecnologia diferem de tecnologias já seculares de melhoramento de nossas limitações físicas, como, por exemplo, o uso de próteses e até mesmo de óculos?*

RESPOSTA: Próteses e óculos são tecnologias antigas, e que vão se tornando cada vez mais sofisticadas. Contudo, próteses e óculos não são exatamente tecnologias para "melhoramento", pelo menos não no sentido em que a palavra "melhoramento" vem sendo usada no debate filosófico contemporâneo. Próteses e óculos têm uma função "restaurativa" ou "corretiva". A ideia é que próteses e óculos permitam às pessoas que sofrem de algum tipo de limitação motora ou visual possam ter um desempenho tão bom (ou quase tão bom) quanto o desempenho das pessoas que não precisam usar óculos ou próteses. Mas no debate filosófico contemporâneo a palavra "melhoramento", como mencionei anteriormente, designa o uso de tecnologias que nos permitem ter um desempenho superior àquele considerado normal. Não se trata, portanto, de simplesmente restaurar ou corrigir o desempenho de um órgão natural que não está funcionando como deveria. Trata-se de fazer com que um órgão natural perfeitamente saudável possa ter um desempenho superior ao desempenho considerado normal. A despeito de toda a sofisticação que próteses ou óculos possam ter contemporaneamente, trocar membros naturais por membros artificiais ainda não é realmente uma opção atrativa. Contudo, a meu ver, é apenas uma questão de tempo até que próteses e órgãos artificiais se tornem de tal modo sofisticados e integrados ao corpo humano que muitas pessoas possam seriamente se perguntar se não prefeririam colocar uma prótese no lugar de um braço ou perna saudáveis. Um cenário como esse foi muito bem descrito em uma obra de ficção recente intitulada *O Homem Máquina* (2012), do escritor australiano Max Barry.[7] O livro conta a história de Charles Neumann, um engenheiro que perde uma perna num acidente em seu laboratório. Depois de receber sua primeira prótese ele começa a fazer modificações e aperfeiçoamentos na prótese até que ele desenvolve uma versão tão boa que ele resolve amputar a outra perna para ter duas pernas artificiais. Depois ele amputa também uma mão, e depois o braço, e assim por diante. O livro, embora seja uma obra de ficção, levanta muitas questões filosóficas relevantes para o debate contemporâneo sobre o melhoramento humano. Considere, por exemplo, essa passagem: "Ter uma perna só é incômodo – falei. – Ou você usa um substituto artificial que tenta imitar a perna real, o que é praticamente impossível e limita você às capacidades da prótese, ou você constrói uma prótese realmente boa, mas então está preso a uma perna biológica que não consegue manter o mesmo ritmo. É como um carro que usa a perna do motorista como uma das rodas. Em algum momento a biologia simplesmente fica ridícula."[8]

Há uma questão filosófica importante aqui: o que esperamos de uma prótese, que ela imite a "anatomia" de pernas e braços naturais, ou que ela realize as mesmas "funções" dos membros naturais? Se o objetivo for imitar a anatomia do corpo humano, então as próteses com certeza sempre serão piores do que o modelo que tentam copiar. Mas se uma abordagem funcional for privilegiada, então as próteses podem um dia se tornar melhores do que braços e pernas naturais. Isso ocorrerá se elas se mostrarem capazes de desempenhar melhor as mesmas funções que pernas e braços naturais desempenham, ainda que no final elas já não se pareçam muito com nossas mãos e pernas naturais. Mas a decisão sobre qual abordagem deve ser privilegiada, se é a "abordagem anatômica" ou a "abordagem funcional", é, a meu ver, uma questão cultural. Na cultura do início do século XX a abordagem funcional foi bastante criticada, sobretudo nas artes visuais do período entreguerras. Filmes como *Metropolis* (1927) de Fritz Lang podem ser interpretados como uma crítica à abordagem funcional. Há uma passagem desse filme em que um cientista, mostrando sua mão artificial, pergunta o seguinte: "Não vale a pena perder uma mão para criar o homem-máquina (*Maschinen-Menschen*) do futuro?"[9] No início do século XX a figura do "homem-máquina" foi bastante criticada. Mas agora, quase cem anos depois, parece-me que as pessoas têm uma postura diferente. Basta ver por exemplo a declaração dos usuários das próteses da artista Sophie de Oliveira Barata. O que atrai muitas pessoas, que passaram por uma amputação, a usar as próteses que ela desenvolve é o fato de as próteses não serem a imitação de partes do corpo humano. As próteses que Sophie de Oliveira Barata cria não despertam nas outras pessoas piedade pelo usuário da prótese, mas antes curiosidade e fascínio.[10] Talvez um dia elas exerçam até mais do que curiosidade e fascínio, mas inveja também. É claro que, até agora, ninguém deve ter resolvido amputar uma perna ou um braço saudáveis para ter uma prótese no lugar. Mas com o desenvolvimento de novas tecnologias essa, a meu ver, pode se tornar uma opção atrativa para muitas pessoas no futuro.

5. *Que dilemas éticos emergem com as novas possibilidades de melhoramento humano?*

RESPOSTA: Um dilema ético consiste em conciliar o interesse das pessoas que gostariam de fazer uso de tecnologias para melhoramento com o interesse das empresas que disponibilizarão essas tecnologias. Parte do problema consistirá em impedir que a busca pelo aprimoramento agrave desigualdades sociais já existentes. O mercado para próteses e medicamentos é restrito às pessoas que sofrem de algum tipo de doença, transtorno ou distúrbio. Mas isso não impede laboratórios de faturar milhões nesse mercado, e de prolongar da forma mais lucrativa possível as patentes sobre seus produtos. Mas o mercado para "melhoramento" é ainda mais amplo, pois se estende a qualquer pessoa saudável que queira, ou se veja "forçada", a aprimorar suas capacidades físicas e cognitivas. Aqui, novamente, uma obra de ficção pode talvez ilustrar de modo bastante vívido o dilema ético que o melhoramento humano envolve. No livro *O Homem Máquina*, a que me referi anteriormente, os executivos da empresa em que Charles Neumann trabalha se dão conta de que o engenheiro não era louco por ter amputado a própria perna para colocar uma prótese no lugar da perna saudável. Os executivos percebem que existe um mercado milionário de produtos médicos para pessoas saudáveis: "Mas qual é o problema da área médica? O mercado é limitado a pessoas doentes. Imagine: você investe 30 milhões no desenvolvimento da maior válvula arterial do mundo e aí chega alguém e cura doenças cardíacas. Seria um desastre. Não para as... não para as pessoas, obviamente. Quero dizer para a empresa. Financeiramente. Sabe, esse é o tipo de risco comercial que deixa o pessoal lá de cima nervoso na hora de fazer grandes investimentos de capital. Mas o que você está falando, o que você disse no hospital... é uma área de produtos médicos para gente saudável. É isso que está empolgando o pessoal lá de cima."[11]

O dilema ético aqui é não permitir que o projeto de melhoramento humano se torne apenas um instrumento para melhoramento dos lucros de empresas que, literalmente, teriam patente sobre partes do corpo humano. Mas esse, a meu ver, não é um problema insolúvel. O sequenciamento do genoma humano, por exemplo, foi marcado por uma corrida entre, de um lado, um grupo reunindo vários centros de pesquisa que trabalhavam com financiamento público, sobretudo do contribuinte americano, e, do outro lado, a empresa privada americana CELERA. O que estava em questão na época não era simplesmente saber a quem caberia o crédito de ter concluído primeiro o sequenciamento do genoma humano. O que estava em questão era a patente sobre o genoma humano. Era esse o objetivo explícito da empresa privada CELERA, que havia entrado na disputa. Na época, coube então ao governo americano intervir no conflito e garantir que o genoma não se tornasse propriedade de uma empresa que teria um poder sem precedentes para explorar comercialmente nossa identidade genética.

Outro dilema ético diz respeito à conciliação dos interesses de trabalhadores e empregados. Se tecnologias para aprimoramento cognitivo se tornarem eficazes, seguras, e baratas no futuro, pode surgir a pressão de empregadores para contratar apenas pessoas que estejam dispostas a, por exemplo, fazer uso de medicamentos para se manter mais focadas e produtivas. Mas e as pessoas que tiverem alguma contraindicação para o uso de *smart drugs*, elas não poderiam ficar à margem do mercado de trabalho, estigmatizadas como menos produtivas do que as demais? Esse, a meu ver, é também um problema que deverá receber atenção da sociedade civil e dos legisladores à medida que o debate sobre melhoramento humano for avançando.

6. *Quais sãos os riscos e as potencialidades do melhoramento ou aprimoramento humano? Estamos à beira da emergência de uma nova espécie?*

RESPOSTA: Não, acho que ainda estamos muito longe de uma era pós-humana. Por outro lado, a concepção que temos de nós próprios como "seres humanos" não é fixa. Durante muito tempo acreditou-se, por exemplo, que os neandertais eram ancestrais do homo sapiens. O que se sabe hoje, porém, é que durante algum tempo, há cerca de 35 mil anos, neandertais e homo sapiens tiveram de compartilhar o mesmo ambiente na Europa.[12] Há poucos anos foi constatado, inclusive, que houve no passado miscigenação entre neandertais e homo sapiens, e que a maior parte dos seres humanos ainda tem genes de neandertais. Neandertais não eram seres humanos, mas eles também não eram completamente diferentes de nós. Há indícios que sugerem, por exemplo, que eles tinham alguma forma de cultura, que adornavam o próprio corpo e que celebravam algum tipo de ritual para enterrar os mortos. Se, no futuro, surgir uma sociedade pós-humana, haverá então uma série de problemas sobre como seres humanos se relacionarão com os seres "pós-humanos". Esse parece um cenário de ficção científica, mas é um cenário que, como se descobriu recentemente, de fato já ocorreu em algum momento no passado, quando neandertais e homo sapiens tiveram de interagir entre si.

* * *

14

"O que a edição genômica tem de revolucionário, ela tem também de perturbador."

Entrevista com Patrícia Fachin (2017)

1. *Como você recebeu a notícia de que foi realizada a primeira tentativa de criar embriões humanos geneticamente modificados por pesquisadores do Oregon Health and Science University nos EUA?*

RESPOSTA: Com surpresa. Eu venho acompanhando a discussão sobre a ética da edição genômica desde abril de 2015, quando um grupo de pesquisadores chineses publicou um artigo sobre a realização de um experimento que envolvia a "edição" ou modificação do genoma de embriões humanos. Foi a primeira vez que um experimento desse tipo foi realizado. Como o experimento da equipe chinesa, na época, provocou muita discussão na comunidade científica internacional, autorizações para a realização de novos experimentos desse tipo, pelo menos fora da China, foram amplamente divulgadas em boletins científicos antes mesmo da realização dos próprios experimentos. No início de 2016, por exemplo, uma equipe de cientistas do Instituto Francis Crick recebeu do governo britânico permissão para usar CRISPR-Cas9 em embriões humanos.[1] Poucos meses depois, em junho de 2016, pesquisadores do Instituto Karolinska, na Suécia, também obtiveram permissão do governo sueco para a realização de pesquisas com a edição do genoma de embriões humanos.[2] Que esse tipo de pesquisa, mais cedo ou mais tarde, seria realizado nos Estados Unidos também, isso parecia relativamente claro. Mas eu imaginei que os planos para a realização de um experimento envolvendo a edição do genoma de embriões humanos, nos Estados

Unidos, seriam divulgados com alguma antecedência. Daí a minha supresa.

Isso não significa, evidentemente, que a pesquisa americana não tenha sido submetida a um conselho de ética. Pelo contrário, a pesquisa parece ter sido acompanhada de perto por um comitê. Isso não significa também que a pesquisa científica nos Estados Unidos seja, de modo geral, menos transparente do que na Inglaterra ou na Suécia. O que deve ter ocorrido, a meu ver, foi o seguinte: pesquisas com embriões humanos não são proibidas nos Estados Unidos, mas elas não podem ser financiadas com verbas do governo federal. O experimento que ocorreu no Oregon Health and Science University foi financiado por meio de doações privadas. Isso, eu acredito, pode ter contribuído para que os planos para a realização do experimento não tenham sido muito divulgados com antecedência.

A primeira notícia sobre essa nova pesquisa nos Estados Unidos veio através da *MIT Technology Review*, em 26 de julho.[3] Mas o artigo da equipe de cientistas, com detalhes sobre o experimento, só foi publicado online, na revista *Nature*, em 2 de agosto.[4] Entre os oito dias que separaram uma publicação da outra, apareceram na imprensa muitas especulações e exageros sobre a utilização de CRISPR-Cas9 em embriões humanos. Esse tipo de reação, como notou Henry Greely, da Universidade de Standford, pode acabar contribuindo para propagar mais pânico e desinformação do que esclarecimentos sobre o que está realmente em questão na área de biotecnologia.[5]

2. *O que é a "técnica" ou "ferramenta" CRISPR-Cas9 e como ela tem sido usada no meio científico?*

RESPOSTA: O genoma de um organismo é constituído por uma longa sequência de instruções que regulam a construção e manutenção desse organismo. Essas instruções, que se encontram no núcleo de cada célula, são representadas por uma longa sequência de quarto letras: A, T, G, e C. O genoma humano, por exemplo, é representado por uma sequência de aproximadamente 3 bilhões de letras. O genoma humano já foi (praticamente) todo mapeado, graças ao famoso Projeto Genoma Humano, levado a cabo entre 1990 e 2003. Os cientistas já são capazes de "ler" e compreender várias sequências de instruções do genoma humano. Mas uma coisa é poder "ler", outra coisa é poder "editar" essas instruções de modo a corrigir, deletar, ou introduzir novas instruções. CRISPR-Cas9 não é a primeira ferramenta usada para "editar" o genoma, mas é, até agora, a ferramenta mais fácil de usar, a mais precisa, e a mais barata que já foi criada para esse propósito.

CRISPR-Cas9 já foi usado para se editar, por exemplo, o genoma do mosquito que transmite a malária de modo a torná-lo incapaz de transmitir a doença. Ele já foi usado também na produção de cogumelos que não ficam escuros após serem colhidos; na criação de salmões que crescem mais rapidamente; e na produção de sementes de batata, arroz, e soja mais resistentes a pragas. Já existem também planos para a utilização de CRISPR-Cas9 em porcos que teriam órgãos passíveis de serem transplantados em seres humanos.[6] Isso reduziria drasticamente o número de mortes anuais decorrentes da falta de órgãos para transplantes. Todas essas aplicações suscitam uma série de questões éticas. Mas é, sobretudo, a utilização de CRISPR-Cas9 em embriões humanos que vem gerando mais controvérsia na comunidade científica internacional e na sociedade civil em âmbito global.

3. *Qual é a diferença entre essa pesquisa envolvendo o uso de CRISPR-Cas9 em embriões humanos, recentemente realizada nos Estados Unidos, e as outras pesquisas desse tipo realizadas na China nos últimos anos?*

RESPOSTA: A primeira pesquisa desse tipo ocorreu na China, em abril de 2015. Outras duas pesquisas se seguiram, uma em 2016 e outra em 2017, também na China.[7] Duas diferenças importantes devem ser destacadas na pesquisa realizada nos Estados Unidos: a ausência de mutações *off-target* e o índice muito baixo de *mosaicismo*.

A edição genômica tem como objetivo modificar uma sequência específica no genoma (no código genético) de um organismo. Mas às vezes os pesquisadores podem, por assim dizer, "errar o alvo" e realizar alterações em sequências do genoma que deveriam permanecer intactas. Esse tipo de erro é conhecido como mutação *off-target*. A possibilidade de ocorrência de mutações *off-target* compromete a segurança do uso de CRISPR-Cas9 em embriões com vistas ao início de uma gestação completa. Se ocorrerem mutações *off-target* em células do embrião humano, o indivíduo, mais tarde, pode acabar tendo uma série de problemas de saúde que não teria se a edição genômica não tivesse sido realizada.

Mesmo que mutações *off-target* não ocorram, outro problema que deve ser evitado é que surja no organismo uma espécie de "mosaico" de células que foram modificadas com sucesso e células em que a modificação não ocorreu. Esse fenômeno é denominado "mosaicismo". A pesquisa realizada nos Estados Unidos relata um número bastante baixo de mosaicismo, o que representa outro grande avanço face às pesquisas realizadas anteriormente na China.

Outro ponto que deve ser mencionado diz respeito aos embriões utilizados. O experimento realizado nos Estados Unidos utilizou embriões viáveis, produzidos especialmente para essa pesquisa. (No primeiro experimento realizado na China, os embriões eram "não-viáveis", ou seja eles não tinham a capacidade de se desenvolver a ponto de se tornar um feto, mesmo que os pesquisadores desejassem implantar o embrião em um útero). Os embriões utilizados nos Estados Unidos foram especialmente gerados para essa pesquisa. Os espermatozoides de um doador, que tinha uma doença cardíaca congênita chamada *cardiomiopatia hipertrófica*, foram utilizados para fecundar vários óvulos. A cardiomiopatia hipertrófica afeta uma em cada 500 pessoas em todo o mundo. A doença não tem cura. Um dos objetivos dos pesquisadores era compreender melhor a possibilidade de, no futuro, impedir a ocorrência dessa doença através da edição do genoma do embrião.

4. *Que tipos de defeitos congênitos espera-se corrigir com a "técnica" CRISPR-Cas9?*

RESPOSTA: Já se conhecem mais de 10.000 doenças que decorrem de mutação genética. Algumas doenças envolvem a mutação de um único gene. Além da cardiomiopatia hipertrófica, outras doenças que têm sido objeto de investigação com o uso de CRISPR-Cas9 são, por exemplo, a anemia falciforme, a doença de Tay-Sachs, a fibrose cística, e a distrofia muscular de Duchenne.

Curiosamente, porém, algumas pesquisas com CRISPR-Cas9 não têm como objetivo corrigir mutações, mas provocar mutações que apenas raramente ocorrem de modo espontâneo. Algumas poucas pessoas, por exemplo, são naturalmente imunes ao vírus HIV. Ainda que sejam expostas ao vírus, elas não contraem a AIDS. Isso acontece por conta de uma mutação genética rara que as torna imunes ao vírus. A pesquisa realizada em 2016 na China, por exemplo, tinha como objetivo compreender melhor esse fenômeno.[8] Isso poderia contribuir para, no futuro, encontrarmos novas formas de se combater o vírus HIV.

O que torna a edição genômica uma forma especialmente revolucionária de tratamento é que, ao editarmos a "linha genética" (*germline*), o embrião passa a ter características que serão repassadas para os seus descendentes. (Ou visto de outro modo: o embrião deixa de ter características que seriam repassadas para a geração seguinte).

Consideremos novamente a cardiomiopatia hipertrófica: essa doença, ao longo da história evolucional dos seres humanos, não foi eliminada por seleção natural porque ela não impede que o indivíduo atinja a idade adulta e tenha filhos, que provavelmente também terão a doença e continuarão legando o mesmo problema às gerações subsequentes. A edição genômica permitiria, em princípio, a erradicação de algumas doenças congênitas porque, como a doença é eliminada na linha genética do embrião, o indivíduo, mais tarde, não legará a doença às gerações futuras.

Por outro lado, o que a edição genômica tem de revolucionário, ela tem também de perturbador: se ocorrer alguma mutação *off-target* durante a edição, é possível que o indivíduo desenvolva doenças que somente poderão ser detectadas mais tarde, possivelmente após o início da vida reprodutiva da pessoa. As consequências seriam catastróficas, portanto, não apenas para o indivíduo cujo genoma foi editado, mas para todos os seus descendentes.

É por essa razão que, até agora, em todas as pesquisas com o uso de CRISPR-Cas9 em células embrionárias humanas, a intenção de se implantar o embrião em um útero foi de antemão veementemente descartada. O mais provável é que muitos anos de pesquisa, talvez mesmo décadas, transcorram até que a gestação de um embrião humano "editado" seja levada a termo.

5. *Diante do estudo norte-americano, diria que o nascimento dos primeiros humanos geneticamente modificados está mais próximo?*

RESPOSTA: Acredito que não. Como disse anteriormente, é pouco provável que isso venha a ocorrer nos próximos anos. E mesmo que o procedimento venha a ser considerado eficaz e seguro nas próximas décadas, continuaria havendo uma série de barreiras legais na maior parte dos países, inclusive no Brasil. Muitos países permitem a pesquisa com embriões humanos, mas eles proíbem que embriões geneticamente modificados possam ser utilizados para se levar a termo uma gravidez. Uma nova legislação teria de ser amplamente debatida pela sociedade civil para se regular o uso de edição genômica em clínicas de fertilização. Em outubro de 2015, a revista *Nature* publicou um ótimo artigo intitulado "Em que lugar do mundo o primeiro CRISPR-baby poderia nascer?"[9] O artigo mostra o quanto as legislações em torno desse tema variam de país para país.

Como disse, eu não acredito que o primeiro bebê geneticamente modificado venha a nascer em breve. Por outro lado, essa suposição deve ser considerada com cuidado, pois países com legislação mais branda, ou pelo menos "ambígua", poderiam atrair pesquisadores e, com eles, pessoas de outros países dispostas a pagar pelos serviços de edição genômica, mesmo que a comunidade científica internacional considere esse procedimento, por ora, arriscado demais para ser considerado eticamente aceitável. Esse é um problema que tem de ser levado a sério e examinado em cada país, pois o "turismo genético" já existe. Casais que moram num país que proíbe certos procedimentos em clínicas de fertilização podem muito bem viajar para outro país, com legislação diferente, para buscar o serviço que desejam.[10]

E às vezes nem é necessário viajar. A legislação brasileira, por exemplo, não permite a compra ou venda de sêmen humano em território nacional, mas a legislação, por outro lado, também não proíbe a *importação* de sêmen humano. Uma reportagem de 2015 relata que a importação de sêmen humano para fins de fertilização *in vitro* teria aumentado em mais de 500% no Brasil – em um período de apenas um ano.[11] Muitas mulheres brasileiras procuram os serviços de empresas americanas, que vendem sêmen humano, com o objetivo de terem informações mais precisas sobre os doadores. Isso permite às mulheres escolher antecipadamente o perfil do homem cujo sêmen pretendem utilizar para iniciar uma gestação. A empresa Fairfax Cryobank, por exemplo, tem um site em português, que permite às clientes brasileiras selecionar características do doador tais como "raça", "cor dos olhos", "cor do cabelo", "nível educacional", etc.[12] Nenhuma empresa brasileira, até onde sei, poderia oferecer esse tipo serviço em território nacional.

Essa espécie de mercantilismo genético pode até nos causar algum desconforto. Mas eu gostaria de enfatizar que – a meu ver – não deveríamos considerar moralmente problemático proporcionar às mulheres esse tipo de escolha. As mulheres, em sua vida pessoal, não são proibidas de buscar um parceiro que tenham tais e tais características fenotípicas. Se a legislação não impede que uma mulher prefira se casar com um homem negro a se casar com um homem branco (e vice-versa), ou se casar com um engenheiro em vez de se casar com um filósofo, a legislação, a meu ver, também não deveria impedir que ela possa exercer a mesma "liberdade reprodutiva" no momento de escolher, não o parceiro com o qual pretende constituir uma família, mas o tubo de sêmen que será utilizado para fins de fertilização.

Há poucas décadas, quando começou a ser comercializada, a pílula anticoncepcional era uma nova tecnologia que proporcionava às mulheres um tipo de liberdade reprodutiva de que elas não dispunham até então. O mesmo pode ser dito acerca da emergência da tecnologia para a reprodução *in vitro*. Mas a introdução dessas tecnologias, em nosso passado recente, teve de contar com a resistência de pessoas que consideravam imoral o uso de anticoncepcionais ou o recurso à fertilização *in vitro*. Agora, no entanto, poucas décadas após seu surgimento, estima-se que mais de 5 milhões de bebês já tenham nascido graças à fertilização *in vitro*, e que milhões de casos de gravidez indesejada tenham sido evitados graças ao uso de pílulas anticoncepcionais.[13] Belize, por influência da igreja católica, foi o último país a manter, até 2012, a proibição de procedimentos para fins de fertilização *in vitro*.[14] Antes de condenarmos moralmente o tipo de liberdade reprodutiva que novas tecnologias proporcionam às mulheres (como no caso do serviço prestado pela Fairfax Cryobank atualmente, ou CRISPR-Cas9 no futuro), devemos nos perguntar se, ao criticarmos essas tecnologias, não estaríamos reproduzindo o mesmo tipo de atitude que levou à reprovação moral do uso de anticoncepcionais e de técnicas para fertilização *in vitro* em nosso passado recente.

6. *Por um lado, é possível vislumbrarmos uma série de benefícios resultantes da utilização de CRISPR-Cas9 em pesquisas que envolvem a edição de células embrionárias. Mas, por outro lado, é necessário também nos perguntarmos quais seriam as principais implicações éticas e sociais decorrentes do uso desse tipo de tecnologia. Afinal, se não envolvesse implicações éticas e sociais importantes, o uso de CRISPR-Cas9 em embriões humanos não estaria gerando tanto debate. O que você tem a dizer sobre esse ponto?*

RESPOSTA: A utilização de tecnologias para edição genômica envolve uma consideração ética importante, que eu já mencionei anteriormente: a segurança desse procedimento para as gerações futuras. Em dezembro de 2015, na esteira das discussões sobre a notícia acerca da primeira pesquisa com a edição do genoma humano, ocorreu em Washington o primeiro debate global sobre a ética da edição genômica em células humanas. Outros três encontros globais ocorreram. Em fevereiro de 2017, os organizadores do evento publicaram um longo relatório sobre as discussões.[15] O documento propõe, entre outras diretrizes, que a edição genômica de células humanas, por ora, seja realizada apenas para fins de pesquisa, e não para a produção de uma gestação. A segurança do procedimento para as gerações futuras ainda está longe de ter sido comprovada.

Mas a segurança, como o relatório destaca, não é o único problema que deve ser levado em consideração. Assim como outras tecnologias, CRISPR-Cas9 tem o potencial para modificar vários aspectos da estrutura da vida em sociedade. Podemos nos perguntar, por exemplo, quem terá acesso à edição genômica. Se apenas as pessoas muito ricas tiverem acesso ao procedimento, isso não poderia contribuir para agravar ainda mais desigualdades sociais já existentes?

Além disso, o relatório é enfático em reprovar, pelo menos por enquanto, o uso de edição genômica para fins de "aprimoramento humano" (*human enhancement*), ou seja, para a seleção de características específicas como inteligência mais elevada. Os cientistas ainda não sabem quais genes estão envolvidos na inteligência das pessoas, ou como seria possível alterar esses genes sem alterar uma série de outras características também. Por outro lado, à medida que o conhecimento nessa área for aumentando, a possibilidade de se recorrer à edição genômica para fins de aprimoramento (e não apenas para fins de tratamento de doenças congênitas) terá de ser levada a sério, e isso exigirá um amplo debate ético no âmbito da sociedade civil e da comunidade científica internacional.

7. *Especificamente sobre a "técnica" CRISPR-Cas9, a comunidade de inteligência dos EUA considerou a técnica uma potencial arma de destruição em massa. Essa avaliação é excessiva ou não?*

RESPOSTA: A meu ver, essa avaliação não é excessiva. CRISPR-Cas9 suscita, sim, esse tipo de preocupação. Em 2016 a "US Intelligence

Community", que presta assessoria ao governo norte-americano na área de segurança, divulgou um documento no qual menciona novas tecnologias para edição genômica como uma possível ameaça à segurança global. CRISPR-Cas9, segundo o documento, poderia, em princípio, ser utilizado para a produção de armas biológicas.[16]

A varíola, por exemplo, foi erradicada na década de 1970. Apenas dois laboratórios de alta segurança – um nos Estados Unidos e outro na Rússia – ainda têm amostras do vírus da varíola. A ideia era que essas amostras fossem destruídas com a virada do milênio, mas notícias sobre um suposto programa russo para o desenvolvimento de armas biológicas levaram os dois países à preservação de suas respectivas amostras.[17] O problema é que mesmo que grupos terroristas – ou algum fanático isolado – não tenham acesso às amostras ainda existentes, o genoma da varíola é conhecido e, aparentemente, está disponível na internet. Isso significa que, pelo menos em princípio, uma outra variação do vírus, como por exemplo a varíola bovina, facilmente acessível, poderia ser editada com vistas à recriação do vírus que provoca a varíola – uma doença altamente contagiosa, e que matou milhões de pessoas ao longo da história da humanidade.[18]

8. *Deseja acrescentar algo?*

RESPOSTA: Sim, um ponto certamente irrelevante para a prática científica, mas que talvez seja significativo para o debate mais amplo sobre a ética da edição genômica. Em 2017 completaram-se vinte anos que o filme *Gattaca* foi lançado nos cinemas. O filme fez bastante sucesso em 1997, mas, desde que surgiram as primeiras notícias sobre a edição do genoma humano, muitas pessoas voltaram a falar do filme.

Gattaca descreve um cenário de distopia no futuro, em que pais e mães recorrem à engenharia genética, não apenas para corrigir eventuais doenças congênitas, mas também para aprimorar as capacidades físicas e cognitivas de seus filhos. Isso gera na sociedade uma discriminação genética dos indivíduos superiores, geneticamente aprimorados, sobre os indivíduos naturais, conhecidos como *invalids*. O surgimento desse tipo de discriminação no futuro deve ser levado a sério e o tema deve ser desde já debatido. Mas eu sugiro que as pessoas assistam a *Gattaca* novamente e se perguntem se o filme pode ser considerado como uma boa crítica à possibilidade de recorrermos à edição genética para fins de aprimoramento humano no futuro. Parece-me que não: o filme não é uma boa crítica.

Vincent Freeman, o herói do filme, protagoniza a história como um indivíduo que, mesmo sem ser geneticamente superior, consegue realizar o sonho de se tornar um astronauta. Mas Vincent só consegue fazer isso porque engana todo mundo. Vincent, no final do filme, consegue finalmente participar de uma missão espacial. Mas o filme não mostra o desenrolar da missão. Vincent tem problemas cardíacos, além de ser míope. Contudo, até o fim, ele consegue manter em segredo seus problemas de saúde. A sua obstinação pessoal, ainda que nobre, poderia muito bem representar, num cenário real, o fracasso coletivo da missão, e com consequências catastróficas para todos, já que, tecnicamente, ele não estava qualificado para participar de uma missão espacial.

É preciso levar também em consideração que Vincent não foi modificado geneticamente por decisão dos seus pais, que desejavam ter um segundo filho, mas dessa vez sem nenhum tipo de manipulação genética. Ou seja, no filme, não foram desigualdades econômicas que levaram às desvantagens genéticas que Vincent tem de enfrentar. Foi a convicção religiosa dos pais que tornaram o rapaz tecnicamente inválido para se tornar um astronauta. Evidentemente, é a frustração de Vincent que o leva a enganar outras pessoas, na expectativa de poder realizar o seu sonho. Vincent recorre então a um mercado negro de aprimoramento humano para se tornar mais alto. Ele se vê também obrigado a adotar uma nova identidade.

O cenário estarrecedor que o filme sugere, para mim, não é o da possibilidade de aprimoramento genético no futuro. O que há de estarrecedor no filme, a meu ver – e diferentemente da leitura que a maioria das pessoas fazem – é que pais e mães, movidos por convicções religiosas, possam vir a realizar escolhas que, mais tarde, frustrem as expectativas ou sonhos de seus próprios filhos. No filme, é a decisão dos pais de Vincent que, a meu ver, parece moralmente problemática. O filme teria sido filosoficamente mais interessante se os pais de Vincent quisessem muito a manipulação genética do filho, mas fossem impedidos de realizar isso por conta de desigualdades econômicas ou por força de perseguições religiosas.

* * *

Notas

Capítulo 1

1. Turing, A. M. (1950). "Computing machinery and intelligence". *Mind*, vol. 49, p. 433-460.

2. Turing, A. M. (1950). "Computing machinery and intelligence". *Mind*, vol. 49, p. 434.

3. Turing, A. M. (1950). "Computing machinery and intelligence". *Mind*, vol. 49, p. 442.

4. Fraser, Giles. (2014). "A computer has passed the Turing test for humanity – should we be worried?". *The Guardian*, 13 de junho de 2014. BBC. (2014). "Computer AI passes Turing test in 'world first'", 9 de junho de 2014.

5. A origem do neologismo é clara: *chat* e *robot*. Todos os anos ocorrem concursos para identificar os melhores *chatbots*. A competição mais conhecida é o Loebner Prize. No Loebner Prize há também um prêmio para o "humano mais humano". Ver Christian, Brian. (2013). *O Humano mais humano: O que a inteligência artificial nos ensina sobre a vida* (traduzido por L. T. Motta). São Paulo: Companhia das Letras.

6. Weizenbaum, Joseph. (1966). "*ELIZA* – a computer program for the study of natural language communication between man and machine". In: *Communications of the ACM*, vol. 9, n. 1, p. 36-45. Na p. 36 Weizenbaum afirma o seguinte: "Seu nome foi escolhido para enfatizar que ela [*ELIZA*] pode ser gradativamente aperfeiçoada por seus usuários, já que suas habilidades linguísticas podem ser continuamente aperfeiçoadas por um 'professor'".

7. Rzepka R.; Araki, K. (2015). "*ELIZA* fifty years later: An automatic therapist using bottom-up and top-down approaches". In: *Machine medical ethics. Intelligent systems, control and automation: Science and engineering*. van Rysewyk, Simon Peter; Pontier, Matthijs (ed.). Springer, vol. 74, p. 257-272. Ver também Dwoskin, Elizabeth. (2016). "The next hot job in Silicon Valley is for poets". *The Washington Post*, 7 de abril de 2016.

8. Kupferschmidt, Kai. (2017). "Social media 'bots' tried to influence the U.S. election. Germany may be next". *Science*, 13 de setembro, 2017. Ba-

erthlein, Thoma; Steinberger, Albert. (2016). "Robôs dominam debate político nas redes sociais". *Deutsche Welle*, 24 de agosto de 2016.

9. Farache, Arthur. (2018) "Aspectos jurídicos do financiamento de litígios na esfera judicial", *Consultor Jurídico (CONJUR)*, 24 de 2018. Miozzo, Julia. (2018). "'Procon particular': A partir de robô, empresa compra causa de consumidor e busca indenização". *InfoMoney*, 27 de abril de 2018.

10. Possebon, Samuel. (2018). "Contra 'industrialização' do direito: OAB cria coordenação de inteligência artificial". *TI Inside Online*, 29 de junho de 2018. Teixeira, Matheus. (2018). "OAB cria coordenação de inteligência artificial para regulamentar tema". *Jota*, 5 de julho de 2018. Ordem dos Advogados do Brasil (OAB-PR). (2018). "OAB cria coordenação para discutir regulamentação do uso de inteligência artificial", 3 de julho de 2018. LawGorithm. (2018). "Parecer da OAB-SP sobre uso de inteligência artificial na advocacia", 8 de abril de 2018.

11. Weizenbaum, Joseph. (1976). *Computer power and human reason: From judgment to calculation*. New York: W. H. Freeman And Company, p. 6.

12. Algumas jornalistas entrevistaram Eugene Goostman após seu sucesso no teste Turing. Ver por exemplo: Amoth, Doug. (2014). "Interview with Eugene Goostman, the fake kid who passed the Turing test". *Time*, 9 de junho de 2014. Green, Chris. (2014). "Turing tested: An interview with Eugene Goostman, the first computer programme to pass for human". *Independent*, 13 de junho de 2014. Lee, Brent. (2014). "'Exclusive Interview' with Eugene Goostman". *Minnesota Connected*, 12 de junho de 2014. Ulanoff, Lance. (2014). "The life and times of 'Eugene Goostman', who passed the Turing Test". *Mashable*, 12 de junho de 2014.

13. Demchenko, Eugene; Veselov, Vladimir. (2008). "Who fools whom? The great mystification, or methodological issues on making fools of human beings". In: *Parsing the Turing test: Philosophical and methodological issues in the quest for the thinking computer*. Robert Epstein *et alia* (ed.). New York: Springer, p. 258.

Capítulo 2

1. Tierno, Michael. (2002). *Aristotle's* Poetics *for screenwriters: Storytelling secrets from the greatest mind in Western civilization*. New York: Hachette Book. Hiltunen, Ari. (2001). *Aristotle in Hollywood: The anatomy of successful storytelling*. Bristol: Intellect.

2. Reagan, A. J.; Mitchell, L.; Kiley, D. *et. al.* (2016). "The emotional arcs of stories are dominated by six basic shapes". *EPJ Data Science*, vol. 5, n. 31, p. 1-12.

3. Hedonometer: http://hedonometer.org/words.html.

4. Arco emocional das obras analisadas pelo Hedonometer: http://hedonometer.org/books/v3/31/.

5. Reagan, A. J.; Mitchell, L.; Kiley, D. *et. al.* (2016). "The emotional arcs of stories are dominated by six basic shapes". *EPJ Data Science*, vol. 5, n. 31, p. 7. Agradeço a Reagan pela permissão para reprodução desta imagem.

6. Dalcastagnè, Regina. (2012). *Literatura brasileira contemporânea: Um território contestado*. Rio de Janeiro: EdUERJ. Ver também Massuela, Amanda. (2018). "Quem é e sobre o que escreve o autor brasileiro" (entrevista com Regina Dalcastagnè). *Revista Cult*, 5 de fevereiro de 2018.

7. Massuela, Amanda. (2018). "Quem é e sobre o que escreve o autor brasileiro" (entrevista com Regina Dalcastagnè). *Revista Cult*, 5 de fevereiro de 2018.

8. Dalcastagnè, Regina. (2012). *Literatura brasileira contemporânea: Um território contestado*. Rio de Janeiro: EdUERJ, p. 151.

9. Underwood, Ted; Bamman, David; Lee, Sabrina. (2018). "The transformation of gender in English-language fiction". *Journal of Cultural Analytics*, 25p. (doi: 10.31235/osf.io/fr9bk).

10. Ver por exemplo Michel, Jean-Baptiste; Shen, Yuan Kui; Aiden, Aviva Presser *et alia*. (2011). "Quantitative analysis of culture using millions of digitized books". *Science*, vol. 331, p. 176-182. Jockers, Matthew. (2014). *Text analysis with R for students of literature*. Springer: Heidelberg e New York. Jockers, Matthew. (2013). *Macroanalysis. Digital methods and literary history*. Champaign (Illinois): University of Illinois Press. Ver também site do Laboratório de Literatura da Universidade de Stanford (*Stanford Literary Lab*): https://litlab.stanford.edu/.

11. Bowman, S. R.; Vilnis, L.; Vinyals, O. *et alia*. (2016). "Generating sentences from a continuous space". *Cornell University Library*: https://arxiv.org/abs/1511.06349.

12. Lea, Richard. (2016). "Google swallows 11,000 novels to improve AI's conversation. As writers learn that tech giant has processed their work without permission, the Authors Guild condemns 'blatantly commercial use of expressive authorship'", 28 de setembro de 2016.

13. Drożdż, S.; Oświęcimka, P.; Kulig, A. *et alia.* (2016). "Quantifying origin and character of long-range correlations in narrative texts". *Information Sciences*, vol. 331, p. 32-44.

Capítulo 3

1. Kaa, Hille Van Der; Krahmer, Emiel. (2014). "Journalist versus news consumer: The perceived credibility of machine written news". In: *Proceedings of the Computation+Journalism conference*. New York, 4p. Clerwall, Christer. (2014). "Enter the robot journalist". *Journalism Practice* vol. 8, n. 5, p. 519-531 (doi: 10.1080/17512786.2014.883116).

2. New York Times. (2015). "Did a human or a computer write this? A shocking amount of what we're reading is created not by humans, but by computer algorithms. Can you tell the difference? Take the quiz", 7 de março de 2015.

3. The Japan News. (2016). "AI-written novel passes literary prize screening", 22 de março de 2016. Ver também "DigLit Prize", promovido pela Universdade de Dartmouth. Hephzibah, Anderson. (2015). "It sounds like a science-fiction fantasy: researchers are using artificial intelligence to produce novels and short stories. But are they any good?" *BBC*, 22 de janeiro de 2015.

4. Rogers, Adam. (2016). "We asked a robot to write an obit for AI pioneer Marvin Ninsky". *Wired*, 26 de janeiro de 2016.

5. Tobitt, Charlotte. (2019). "PA's 'robot-written' story service gets first paying subscribers after trial ends". *Press Gazette*, 9 de abril de 2019. Baraniuk, Chris. (2018). "Would you care if this feature had been written by a robot?". *BBC*, 30 de janeiro de 2018.

6. Adams, Tim. (2015). "And the Pulitzer goes to... a computer. Computer-generated copy is already used in sports and business reporting – will machines soon master great storytelling?" *The Guardian*, 28 de junho de 2015.

7. Santucci, Vieri G. *et alia.* (2014). "Cumulative learning through intrinsic reinforcements". In: *Evolution, complexity and artificial life*. Cagnoni, Stefano *et alia.* (ed.). New York: Springer, p. 107-122. Gibney, Elizabeth. (2016). "What Google's winning Go algorithm will do next. AlphaGo's techniques could have broad uses, but moving beyond games is a challenge". *Nature*, vol. 531, p. 284-285, 15 de março de 2016 (doi:10.1038/531284a).

8. Bosker, Bianca. (2013). "Philip Parker's trick for authoring over 1 million books: don't write". *The Huffington Post*, 11 de fevereiro de 2013.

9. Howells, Chris. (2016). "Disrupting even the world of academics. It is only a matter of time before algorithms start to augment a professor's research, taking it into realms previously unimaginable in academia". *The Business Times*, 18 de março de 2016 (https://goo.gl/88nYcz).

10. Knight, Will. (2017). "An algorithm summarizes lengthy text surprisingly well. Training software to accurately sum up information in documents could have great impact in many fields, such as medicine, law, and scientific research". *MIT Technology Review*, 12 de maio de 2017.

11. Heaven, Douglas. (2018). "AI peer reviewers unleashed to ease publishing grind". *Nature*, vol. 563, p. 609-610, 22 de novembro de 2018 (doi: 10.1038/d41586-018-07245-9).

12. Heaven, Douglas. (2018). "AI peer reviewers unleashed to ease publishing grind". *Nature*, vol. 563, p. 609-610, 22 de novembro de 2018 (doi: 10.1038/d41586-018-07245-9). Ver também Caliskan, Aylin; Bryson, Joanna J.; Narayanan, Arvindn. (2017). "Semantics derived automatically from language corpora contain human-like biases". *Science*, 14 de abril de 2017, vol. 356, n. 6334, p. 183-186 (doi: 10.1126/science.aal4230).

13. Ver por exemplo Howells, Chris. (2016). "Can algorithms replace academics?" (entrevista com Philip Parker). *Insead*, 15 de fevereiro de 2016.

14. Parker, Philip. (2007). *Webster's English to Brazilian Portuguese Crossword Puzzles*. Las Vegas: Icon Group International.

15. Informações técnicas sobre o algoritmo criado por Parker estão disponíveis em "United States Patent and Trademark Office" (http://goo.gl/biVDAf) e (http://goo.gl/Q4UYAF).

16. Beta Writer. (2019). *Lithium-ion batteries: A machine-generated summary of current research*. Heidelberg: Springer (ISBN 978-3-030-16799-8).

17. Beta Writer. (2019). *Lithium-ion batteries: A machine-generated summary of current research*. Heidelberg: Springer (ISBN 978-3-030-16799-8), p. v-vi.

Capítulo 4

1. Westfall, Richard S. (1983). *Never at rest: A biography of Isaac Newton*. Cambridge: Cambridge University Press, p. 154-155.

2. Adair, Gene. (1997). *Thomas Alva Edison: Inventing the electric age*. Oxford: Oxford University Press, p. 120.

3. Westfall, Richard S. (1983). *Never at rest: A biography of Isaac Newton*. Cambridge: Cambridge University Press, p. 274.

4. Simonton, Dean Keith. (2013). "Scientific genius is extinct. – Dean Keith Simonton fears that surprising originality in the natural sciences is a thing of the past, as vast teams finesse knowledge rather than create disciplines." *Nature*, vol. 493, p. 602, 31 de janeiro de 2013.

5. Landhuis, Esther. (2016). "Information overload: How to manage the research-paper deluge? Blogs, colleagues and social media can all help". *Nature*, vol. 535, p. 457-458, 21 de julho de 2016 (doi:10.1038/nj7612-457a). Segundo outra estimativa, a cada 30 segundos um novo artigo científico é publicado: Extance, Andy. (2018). "How AI technology can tame the scientific literature. As artificially intelligent tools for literature and data exploration evolve, developers seek to automate how hypotheses are generated and validated". *Nature*, vol. 561, p. 273-274 (doi: 10.1038/d41586-018-06617-5).

6. Spangler, Scott *et alia*. (2014). "Automated hypothesis generation based on mining scientific literature". *Proceedings of the 20th ACM SIGKDD International Conference on Knowledge Discovery and Data Mining*. New York: ACM, p. 1877-1886 (doi:10.1145/2623330.2623667). Lichtarge, Olivier; Spangler, W. Scott. "Automated hypothesis generation based on mining scientific literature" [video]. In *VideoLectures.NET*, 7 de outubro de 2014 (http://goo.gl/QM37nd). Ver também Hodson, Hal. (2014). "Supercomputers make discoveries that scientists can't. No researcher could read all the papers in their field – but machines are making discoveries in their own right by mining the scientific literature". *New Scientist*, 27 de agosto de 2014. The Economist. (2014). "Automated hypothesis generation. Computer says 'try this'. A new type of software helps researchers decide what they should be looking for", 4 de outubro de 2014.

7. Voytek, Jessica; Bradley, Voytek. (2012). "Automated cognome construction and semi-automated hypothesis generation". *Journal of Neuroscience Methods*, vol. 208, n. 1, 92-100, p. 1.

8. Tshitoyan, Vahe; Dagdelen, John; Weston, Leigh; Jain, Anubhav *et alia*. (2019). "Unsupervised word embeddings capture latent knowledge from materials science literature". *Nature*, vol. 571, p. 95-98.

9. Tshitoyan, Vahe; Dagdelen, John; Weston, Leigh; Jain, Anubhav *et alia*. (2019). "Unsupervised word embeddings capture latent knowledge

from materials science literature". *Nature*, vol. 571, p. 95-98 (doi: 10.1038/s41586-019-1335-8U). Ver também Isayev, Olexandr. (2019). "Text mining facilitates materials discovery. Computer algorithms can be used to analyse text to find semantic relationships between words without human input." *Nature*, vol. 571, p. 42-43, 3 de julho de 2019 (doi: 10.1038/d41586-019-01978-x). Hao, Karen. (2019). "AI analyzed 3.3 million scientific abstracts and discovered possible new materials". *MIT Technology Review*, 9 de julho de 2019.

10. Popper, Karl. (2000 [1963]). *Conjecturas e refutações. O progresso do conhecimento científico* (traduzido por Sérgio Bath). Brasília: UnB, p. 66.

11. Bloom, Nicholas; Jones, Charles; Van Reenen, John; Webb, Michael. (2017). "Are ideas getting harder to find?". *The National Bureau of Economic Research (NBER)*, Paper No. 23782, setembro de 2017. Ver também Rotman, David. (2019). "AI is reinventing the way we invent". *MIT Technology Review*, 15 de Fevereiro de 2019.

Capítulo 5

1. Wittgenstein, Ludwig. (1993 [1953]). *Philosophische Untersuchungen*. Frankfurt: Suhrkamp, p. 262 e 364.

2. Berkeley, George. (1988 [1710]). *Principles of human knowledge and three dialogues between Hylas and Philonous*. Londres: Penguin, p. 38.

3. Choi, Charles. (2017). "AI creates fake Obama. Videos of Barack Obama made from existing audio, video of him". *IEEE Spectrum*, 12 de julho de 2017. Shao, Chengcheng; Ciampaglia, Giovanni Luca; Varol, Onur et alia. (2017). "The spread of low-credibility content by social bots". *Cornell University Library*: https://arxiv.org/abs/1707.07592. Knight, Will. (2019). "An AI that writes convincing prose risks mass-producing fake news. Fed with billions of words, this algorithm creates convincing articles and shows how AI could be used to fool people on a mass scale". *MIT Technology Review*, 14 de fevereiro de 2019. Schwartz, Oscar. (2019). "Could 'fake text' be the next global political threat? An AI fake text generator that can write paragraphs in a style based on just a sentence has raised concerns about its potential to spread false information". *The Guardian*, 4 de julho de 2019. Kreps, Sarah; McCain, Miles. (2019). "Not your father's bots. AI is making fake news look real". *Foreign Affairs*, 2 August 2019. Hao, Karen. (2019). "An AI for generating fake news could also help detect

it. Sometimes it takes a bot to know one". *MIT Technology Review*, 12 de março de 2019.

4. Kahneman, Daniel. (2012 [2011]). *Rápido e devagar. Duas formas de pensar* (traduzido por Cássio de Arantes Leite). Rio de Janeiro: Objetiva, p. 167.

5. Diário da Noite. (Jornal, Rio de Janeiro). (1938). "Incrivel! Os habitantes de Marte invadem os E.E. Unidos: Nova York viveu momentos de horror e panico durante a irradiação da peça 'A Guerra dos Mundos' de H.G. Wells", 31 de outubro de 1938, p. 1. Acessado através da *Hemeroteca Digital da Biblioteca Nacional.*

6. Barnouw, Erik. (1966). *A history of broadcasting in the United States*. Oxford: Oxford University Press, p. 61-64. Ver também Schwartz, A. Brad. (2015). *Broadcast hysteria: Orson Welles's* War of the Worlds *and the art of fake news*. New York: Hill & Wang.

7. Araujo, Marcelo de. (2016). "Intertextualidade, metaficção e autoficção: Fronteiras da narrativa de ficção na literatura do início do século XXI". *Viso*, vol. 18, p. 141-161.

8. Berkeley, George. (1988 [1710]). *Principles of human knowledge and three dialogues between Hylas and Philonous*. Londres: Penguin, p. 85.

9. Araujo, Marcelo de. (2014). *René Descartes e a refutação do ceticismo: Verdade, coerência, e correspondência*. São Paulo: KDP (ISBN: 978-85-918597-0-2).

Capítulo 6

1. Tezza, Cristovão. (2007). *O filho eterno*. Rio de Janeiro: Record.

2. Kanake, Sarah. (2016). "On telling the stories of characters with Down syndrome". *The Conversation*, 21 de abril de 2016.

3. Greene, Joshua (2018 [2013]). *Tribos morais* (traduzido por Alessandra Bonrruquer). Rio de Janeiro: Record, p. 334-341. Ver também Prinz, Jesse J. (2006). *Gut reactions: A perceptual theory of emotion*. Oxford: Oxford University Press. Haidt, Jonathan. (2001). "The emotional dog and its rational tail: A social intuitionist approach to moral judgment". *Psychological Review*, vol. 108, n. 4, p. 814-834.

4. Quinones, Julian; Lajka, Arijeta. (2017). "What kind of society do you want to live in?: Inside the country where Down syndrome is disappearing". *CBS NEWS*, 14 de agosto de 2017.

Capítulo 7

1. A distinção entre *medical egg freezing* e *social egg freezing* é oficialmente reconhecida no Brasil. Ver por exemplo Conselho Federal de Medicina. (2017). "Resolução n. 2.168/2017" (publicada no D.O.U.em 10 de novembro de 2017), p. 2: "As técnicas de RA [Reprodução Assistida] podem ser utilizadas na preservação social e/ou oncológica de gametas, embriões e tecidos germinativos".

2. Baldwin, K. (2018). "Running out of time: Exploring women's motivations for social egg freezing". *Journal of Psychosomatic Obstetrics & Gynecology*, p. 1-9 (doi: 10.1080/0167482X.2018.1460352). Bhatia, Rajani; Campo-Engelstein, Lisa. (2018). "The biomedicalization of social egg freezing: A comparative analysis of European and American professional ethics opinions and US news and popular media". *Science, Technology, & Human Values*, p. 1-24 (doi: 10.1177/0162243918754322). Inhorn, M. C. (2017). "The egg freezing revolution? Gender, technology, and fertility preservation in the twenty-first century". *Emerging Trends in the Social and Behavioral Sciences*, p. 1-14 (doi: 10.1002/9781118900772.etrds0428). Goold, Imogen; Savulescu, J. (2009). "In favour of freezing eggs for non-medical reasons". *Bioethics*, vol. 23, n. 1, p. 47-58. Savulescu, Julian; Goold, Imogen. (2008). "Freezing eggs for lifestyle reasons". *The American Journal of Bioethics*, vol. 8, n. 6, p. 32-35.

3. Imaz, E. (2017). "Same-sex parenting, assisted reproduction and gender asymmetry: reflecting on the differential effects of legislation on gay and lesbian family formation in Spain". *Reproductive Biomedicine & Society Online*, vol. 4, n. 5-12. Marina, S.; Marina, D.; Marina, F. *et alia*. (2010). "Sharing motherhood: biological lesbian co-mothers, a new IVF indication". *Human Reproduction*, vol. 25, n. 4 p. 938-941.

4. The Economist. (2019). "Fert perks. More employers want to help workers make babies. Companies from Apple, Facebook and Tesla to Bain, KKR and Starbucks are offering employees fertility benefits", 8 de agosto de 2019.

5. Lo, Weei; Campo-Engelstein, Lisa. (2018) "Expanding the clinical definition of infertility to include socially infertile individuals and couples". In: *Reproductive Ethics II*. Campo-Engelstein L.; Burcher P. (ed.). Cham (Suíça): Springer, p. 71-83. Ver também Sussman, Anna Louie. (2019). "The case for redefining infertility. Proponents of 'social infertility' ask: What if it's your biography, rather than your body, that prevents you from having a child?". *The New Yorker*, 18 de junho de 2019. Cauterucci, Christina. (2016). "Four New Jersey lesbians sue over preposterous rule that

delays their fertility coverage". *Slate*, 11 de agosto de 2016. Fairyington, Stephanie. (2015). "Should same-sex couples receive fertility benefits?". *New York Times*, 2 de novembro de 2015.

6. Mcknight, Matthew. (2014). "The Ohio sperm-bank controversy". *The New Yorker*, 14 de outubro de 2014.

7. Ver por exemplo Conselho Federal de Medicina. (2017). "Resolução n. 2.168/2017" (publicada no D.O.U. em 10 de novembro de 2017), p. 4: "Quanto ao número de embriões a serem transferidos, fazem-se as seguintes determinações de acordo com a idade: a) mulheres até 35 anos: até 2 embriões; b) mulheres entre 36 e 39 anos: até 3 embriões; c) mulheres com 40 anos ou mais: até 4 embriões; d) nas situações de doação de oócitos e embriões, considera-se a idade da doadora no momento da coleta dos oócitos. O número de embriões a serem transferidos não pode ser superior a quatro."

8. Gabbatt, Adam (2017). "Woman gives birth to baby that grew from embryo frozen 24 years ago". *The Guardian*, 20 de dezembro de 2017. Barclay, Tom. (2017). "Woman gives birth to girl whose embryo was frozen a year after mom was born". *USA Today*, 19 de dezembro de 2017.

9. Conselho Federal de Medicina. (2017). "Resolução n. 2.168/2017" (publicada no D.O.U. em 10 de novembro de 2017), p. 7: "3. No momento da criopreservação, os pacientes devem manifestar sua vontade, por escrito, quanto ao destino a ser dado aos embriões criopreservados em caso de divórcio ou dissolução de união estável, doenças graves ou falecimento de um deles ou de ambos, e quando desejam doá-los."

10. Horowitz, Ted. (2018). "What keeps egg-freezing operations from failing? This week, cryogenic storage at two fertility clinics malfunctioned, putting their clients' family planning in jeopardy. Will it happen again?". *Wired*, 13 de março de 2018. Lewin, Tamar. (2016). "Sperm banks accused of losing samples and lying about donors". *New York Times*, 21 de julho de 2016.

11. Conselho Federal de Medicina. (2017). "Resolução n. 2.168/2017" (publicada no D.O.U. em 10 de novembro de 2017), p. 6: "6. Na região de localização da unidade [da clínica de fertilização], o registro dos nascimentos evitará que um(a) doador(a) tenha produzido mais de duas gestações de crianças de sexos diferentes em uma área de um milhão de habitantes. Um(a) mesmo(a) doador(a) poderá contribuir com quantas gestações forem desejadas, desde que em uma mesma família receptora."

12. Kreider, Randy. (2012). "Did sperm bank founder father 600 children?", *ABC NEWS*, 9 de abril de 2012. Ver também Madeira, Jody Lynee. (2019). "Holding physicians accountable for fertility fraud". *Indiana Legal Studies Research Paper*, 54p. (doi.org/10.2139/ssrn.3277768). No Brasil, médicos e funcionários de clínica de reprodução estão proibidos de atuar como doadores de células reprodutivas. Ver Conselho Federal de Medicina. (2017). "Resolução n. 2.168/2017" (publicada no D.O.U. em 10 de novembro de 2017), p. 6: "8. Não será permitido aos médicos, funcionários e demais integrantes da equipe multidisciplinar das clínicas, unidades ou serviços participar como doadores nos programas de RA [Reprodução Assistida]."

13. *ANVISA* (Agência Nacional de Vigilância Sanitária). (2017) . "1° Relatório de importação de amostras seminais para uso em reprodução humana assistida". *ANVISA*, Brasília, 1 de agosto de 2017.

14. Conselho Federal de Medicina. (2017). "Resolução n. 2.168/2017" (publicada no D.O.U. em 10 de novembro de 2017), p. 4: "É permitida a gestação compartilhada em união homoafetiva feminina em que não exista infertilidade. Considera-se gestação compartilhada a situação em que o embrião obtido a partir da fecundação do(s) oócito(s) de uma mulher é transferido para o útero de sua parceira."

15. Fairfax Cryobank, Brasil: http://www.fairfaxcryobank.com.br.

16. BBC. (2005). "Sperm donor anonymity ends Sperm. People donating sperm and eggs will no longer have the right to remain anonymous, under a new law which came into force on Friday", 31 de março de 2005.

17. Conselho Federal de Medicina. (2017). "Resolução n. 2.168/2017" (publicada no D.O.U. em 10 de novembro de 2017), p. 5-6: "1. A doação não poderá ter caráter lucrativo ou comercial. 2. Os doadores não devem conhecer a identidade dos receptores e vice-versa. [...] 4. Será mantido, obrigatoriamente, sigilo sobre a identidade dos doadores de gametas e embriões, bem como dos receptores. Em situações especiais, informações sobre os doadores, por motivação médica, podem ser fornecidas exclusivamente para médicos, resguardando-se a identidade civil do(a) doador(a)".

18. Cyranoski, David. (2016). "Mouse eggs made from skin cells in a dish. Breakthrough raises call for debate over prospect of artificial human eggs". *Nature*, vol. 538, p. 301, 20 de outubro de 2016 (doi:10.1038/nature.2016.20817).

19. Greely, Henry. (2016). *The end of sex and the future of human reproduction*. Cambridge (Mass.): Harvard University Press. Ver também Hendriks, Saskia; Dancet, Eline A.F.; van Pelt, Ans M.M. *et alia*. (2015) "Artificial gametes: a systematic review of biological progress towards clinical application". *Human Reproduction Update*, vol. 21, n. 3, p. 285-296. Hendriks, Saskia; Dondorp, Wybo; de Wert, Guido *et alia*. (2015) "Potential consequences of clinical application of artificial gametes: a systematic review of stakeholder views". *Human Reproduction Update*, vol. 21, n. 3, p. 297-309.

20. Palacios-González, César; Harris, John; Testa, Giuseppe. (2014). "Multiplex parenting: IVG and the generations to come". *Journal of Medical Ethics*, vol. 40, p. 756-757. Newson, A. J.; Smajdor, A. C. (2005). "Artificial gametes: new paths to parenthood?". *Journal of Medical Ethics*, vol. 31, n. 3, p. 185-186. Cohen, Glenn; Daley, George Q.; Adashi, Eli Y. (2017). "Disruptive reproductive technologies". *Science Translational Medicine*, vol. 9, n. 372, p. 3. Bredenoord, Annelien L.; Hyun, Insoo. (2017). "Ethics of stem cell-derived gametes made in a dish: fertility for everyone?". *EMBO Molecular Medicine*, vol. 9, n. 4, p. 397. Suter, Sonia M. (2015). "In vitro gametogenesis: just another way to have a baby?". *Journal of Law and the Biosciences*, vol. 17, n. 3, p. 88, 93-94, 110. Greely, Henry. (2016). *The end of sex and the future of human reproduction*. Cambridge (Mass.): Harvard University Press, 190.

21. Palacios-González, César; Harris, John; Testa, Giuseppe. (2014). "Multiplex parenting: IVG and the generations to come". *Journal of Medical Ethics*, vol. 40, p. 756. Newson, A. J.; Smajdor, A. C. (2005). "Artificial gametes: new paths to parenthood?". *Journal of Medical Ethics*, vol. 31, n. 3, 185-186. Suter, Sonia M. (2015). "In vitro gametogenesis: just another way to have a baby?". *Journal of Law and the Biosciences*, vol. 17, n. 3, p. 88, 93, 106-110. Suter, Sonia M. (2018). "The tyranny of choice: Reproductive selection in the future". *Journal of Law and the Biosciences*, vol. 5 n. 2, p. 262-300.

22. Greely, Henry. (2016). *The end of sex and the future of human reproduction*. Cambridge (Mass.): Harvard University Press, p. 191-202. Suter, Sonia M. (2015). "In vitro gametogenesis: just another way to have a baby?". *Journal of Law and the Biosciences*, vol. 17, n. 3, p. 88, 93, 106-110. Suter, Sonia M. (2018). "The tyranny of choice: Reproductive selection in the future". *Journal of Law and the Biosciences*, vol. 5 n. 2, p. 262-300.

23. Daar, J. *et alia*. (2017). "Transferring embryos with genetic anomalies detected in preimplantation testing: An Ethics Committee Opinion". *Fertility and Sterility*, vol. 107, n, 5, 1130-1135.

24. Parfit, Derek. (1984). "The non-identity problem". In: *Reasons and Persons*. Oxford: Oxford University Press, p. 351-390. Ver também Benatar, David. (2008). *Better never to have been: The harm of coming into existence*. Oxford: Oxford University Press.

25. Greely, Henry. (2016). *The end of sex and the future of human reproduction*. Cambridge (Mass.): Harvard University Press, p. 262-270.

Capítulo 8

1. O número exato de genes no genoma humano ainda é objeto de controvérsia, pois nem sempre é claro em quais trechos do genoma começa um novo gene, e em quais trechos ele termina. Ver, por exemplo, Willyard, Cassandra (2019). "New human gene tally reignites debate. Some fifteen years after the human genome was sequenced, researchers still can't agree on how many genes it contains." *Nature*, 18 de junho de 2018 (doi: 10.1038/d41586-018-05462-w).

2. Nature Plants (editorial). (2018). "A CRISPR definition of genetic modification. Gene editing techniques have the potential to substantially accelerate plant breeding. Now, officials in the United States and Europe are arguing that it is not genetic modification – and that is a good thing!". *Nature Plants*, vol. 4, p. 33, 3 de maio de 2018 (doi.org/10.1038/s41477-018-0158-1). Ver também documento emitido pela agência equivalente ao Ministério da Agricultura nos Estados Unidos: USDA (U.S. DEPARTMENT OF AGRICULTURE). (2018). "Secretary Perdue issues USDA statement on plant breeding innovation". *USDA* (Press Release No. 0070.18). Washington (D.C.), 28 de março de 2018.

3. Ministério da Ciência, Tecnologia, Inovações e Comunicações. (2018). "CTNBio aprova uso de nova técnica de edição genética que não deixa rastros de DNA exógeno. Organismos não são considerados OGMs por não conterem traços de genes externos.", *Sala de Imprensa*, 8 de junho de 2018. Ver também EMBRAPA. (2018). "Embrapa formaliza acordo para aumentar variabilidade genética via edição de genomas", *EMBRAPA Notícias*, 26 de fevereiro de 2018. Ledford, Heidi. (2019). "CRISPR conundrum: Strict European court ruling leaves food-testing labs without a plan. Scientists struggle to detect the unauthorized sale of gene-edited crops whose altered

DNA can mimic natural mutations". *Nature*, vol. 572, p. 15 2019 (doi: 10.1038/d41586-019-02162-x).

4. Reardon, Sara. (2015). "New life for pig-to-human transplants. Gene-editing technologies have breathed life into the languishing field of xeno-transplantation". *Nature*, vol. 527, 152-154, 10 de novembro de 2015 (doi:10.1038/527152a).

5. Cyranoski, David. (2019). "Japan approves first human-animal embryo experiments. The research could eventually lead to new sources of organs for transplant, but ethical and technical hurdles need to be overcome". *Nature*, 26 de julho de 2019 (doi: 10.1038/d41586-019-02275-3). Ver também Exame (Revista). (2019). "Japão autoriza desenvolvimento de órgãos humanos em animais. Células troncos humanas, chamadas iPS, são implantadas em embriões de animais modificados", 1 de agosto de 2019.

6. Ledford, Heidi. (2019). "Gene-edited animal creators look beyond US market. Tired of regulatory confusion and a lack of funding, some US researchers are taking their gene-edited livestock abroad". *Nature*, vol. 566, p. 433-434 (doi: 10.1038/d41586-019-00600-4). Ver também Silveira, Evanildo da. (2017). "Os genes do gado. O conhecimento da genética de bovinos deve auxiliar criadores a selecionar animais da raça nelore com carne mais macia". *Revista Pesquisa FAPESP*, edição 254, abril de 2017. Ver também McKoy, Connor. (2018). "Recombinetics' animal gene editing could transform the beef industry". *BiotehcNow* (Biotechnology Innovation Organization), 10 de março de 2018.

7. Dando, Malcolm. (2016). "Find the time to discuss new bioweapons". *Nature*, vol. 535, p. 9, 7 de julho de 2016 (doi:10.1038/535009a). Ver também Clapper, James. (2016). "Statement for the record worldwide threat assessment of the US Intelligence Community". *Senate Armed Services Committee*, 9 de fevereiro de 2016 (https://goo.gl/zg3ZnR).

8. Kang, Xiangjin; He, Wenyin; Huang, Yuling *et alia* (2016). "Introducing precise genetic modifications into human 3PN embryos by CRISPR/Cas-mediated genome editing". *Journal of Assisted Reproduction and Genetics*, vol. 33, n. 5, p. 581-588 (doi: 10.1007/s10815-016-0710-8).

9. Lovell-Badge, Robin. (2019). "CRISPR babies: a view from the centre of the storm". *The Company of Biologists*, 6 de fevereiro de 2019 (doi:10.1242/dev.175778), p. 4.

10. Stein, Rob. (2016). "Breaking taboo, Swedish scientist seeks to edit DNA of healthy human embryos". *NPR (National Public Radio)*, 22 de setembro de 2016.

11. Le Page, Michael. (2017). "First results of CRISPR gene editing of normal embryos released". *New Scientist*, 9 de março de 2017.

12. Ledford, Heidi. (2017). "CRISPR fixes disease gene in viable human embryos. Gene-editing experiment pushes scientific and ethical boundaries". *Nature*, vol. 548, p. 13-14, 3 de agosto de 2017.

13. The He Lab (YouTube): http://bit.ly/2T0UhLG.

14. Lovell-Badge, Robin. (2019). "CRISPR babies: a view from the centre of the storm". *The Company of Biologists*, 6 de fevereiro de 2019 (doi:10.1242/dev.175778), p. 2. Charo, Alta. (2019). "Rogues and regulation of germline editing". *The New England Journal of Medicine*, 7 de março de 2019, vol. 380, n. 10. p, 976.

15. Cyranoski, David. (2019). "Russian biologist plans more CRISPR-edited babies. The proposal follows a Chinese scientist who claimed to have created twins from edited embryos last year". *Nature*, vol. 570, p. 145-146, 10 de junho de 2019 (doi: 10.1038/d41586-019-01770-x).

Capítulo 9

1. Descartes, René. (1983). *Discours de la méthode*. In: *OEuvres de Descartes*. Adam, Charles; Tannery, Paul (ed.). Paris: Vrin/CNRS, vol. 6. p. 62.

2. Vaccari, Andrés. (2008). "Legitimating the machine: The epistemological foundation of technological metaphor in the natural philosophy of René Descartes". In: *Philosophies of Technology: Francis Bacon and his Contemporaries*. Zittel, Claus *et alia* (ed.). Leiden: Brill. p. 287-336. Perler, Dominik. (1998). *Descartes*. Munique: Beck, p. 229-231.

3. Burkett, Brendan; McNamee, Mike; Potthast, Wolfgang. (2011). "Shifting boundaries in sports technology and disability: equal rights or unfair advantage in the case of Oscar Pistorius?". *Disability & Society*, vol. 26, n. 5, p. 643-654. Longman, J. (2007). "An amputee sprinter: Is he disabled or too-abled?". *The New York Times*, 15 de maio de 2007.

4. Ver por exemplo Zak, Paul. (2012 [2012]). *A molécula da moralidade: As surpreendentes descobertas sobre a substância que desperta o melhor em nós* (traduzido por Soeli Araujo). Rio de Janeiro: Elsevier.

5. Forzano, Francesca; Borry, Pascal; Cambon-Thomsen, Anne *et alia*. (2010). "Italian appeal court: a genetic predisposition to commit murder?" *European Journal of Human Genetics*, vol. 18 p. 519-521. Pieri, Elisa;

Levitt, Mairi. (2008). "Risky individuals and the politics of genetic research into aggressiveness and violence". *Bioethics*, vol. 22, n. 9, p. 509-518.

6. Raine, Adrian. (2015 [2013]). *A anatomia da violência: As raízes biológicas da criminalidade* (tradução de M. R. Ite). Porto Alegre: Artmed.

7. Crockett, M. (2014). "Moral bioenhancement: A neuroscientific perspective". *Journal of Medical Ethics*, vol. 40, n. 6, p. 370-371. Levy, N.; Douglas, T. *et alia*. (2014). "Are you morally modified? The moral effects of widely used pharmaceuticals". *Philosophy, Psychiatry, & Psychology*, vol. 21, n. 2, p. 111-125. Terbeck, S.; Kahane, G. *et alia*. (2012). "Propranolol reduces implicit negative racial bias". *Psychopharmacology*, vol. 222, p. 419-424.

8. UNESCO. (2015). "Report of the IBC [International Bioethics Committee] on updating its reflection on the human genome and human rights". Paris: UNESCO, 2 de outubro, p. 27.

9. UNESCO. (2015). "Report of the IBC [International Bioethics Committee] on updating its reflection on the human genome and human rights". Paris: UNESCO, 2 de outubro, p. 28.

10. Sandel, Michael. (2013 [2007]). *Contra a perfeição: Ética na era da engenharia genética* (traduzido por Ana Carolina Mesquita). Rio de Janeiro: Civilização Brasileira, p. 102.

11. Lühe, A. "Talent". (1998). In: *Historisches Wörterbuch der Philosophie*. Basiléia: Schwabe, vol. 10, p. 886-985.

12. Habermas, J. (2004 [2002]). *O futuro da natureza humana: A caminho da eugenia liberal?* (traduzido por K. Janinni). São Paulo: Martins Fontes, p. 58-59.

Capítulo 10

1. Sartre, Jean-Paul. (1975). "Sartre at seventy: An interview". *The New York Review of Books*, 7 de agosto de 1975.

2. Hoffman, Paul. (1987). "The man who loves only numbers". *The Atlantic Monthly*, vol. 260, n. 5, p. 60-74.

3. Currey, Mason. (2013). "What do Auden, Sartre, and Ayn Rand have in common? Amphetamines". *Slate*, 22 de abril de 2013.

4. Jotterand, Fabrice; Dubljevic, Veljko (ed.). (2016). *Cognitive enhancement: Ethical and policy implications in international perspectives*.

Oxford: Oxford University Press. Meulen, Ruud Ter; Mohammed, Ahmed, Hall, Wayne (ed.). (2017). *Rethinking cognitive enhancement*. Oxford: Oxford University Press.

5. Há, de fato, um estudo qualitativo publicado em 2011, mas que se restringe a um universo de 20 estudantes que fizeram uso de Ritalina para fins de aprimoramento cognitivo: Barros, Denise; Ortega, Francisco. (2011). "Metilfenidato e aprimoramento cognitivo farmacológico: Representações sociais de universitários". *Saúde e Sociedade* (São Paulo), vol. 20, n. 2, p. 350-362. Há também um estudo de 2016, mas que se restringe ao contexto de uma única universidade: Coli, Ana Clara Mauad; Silva, Marília Pires de Sousa; Nakasu, Maria Vilela Pinto. (2016). "Uso não prescrito de metilfenidato entre estudantes de uma faculdade de medicina do sul de Minas Gerais". *Revista Ciências em Saúde*, vol. 6, n. 3, 11p. A falta de levantamentos sistemáticos sobre esse tema no contexto brasileiro contrasta com a situação em outros países da América Latina como, por exemplo, Argentina, Colômbia e Chile. Sobre esse tema, consultar: Loewe, Daniel. (2016). "Cognitive enhancement and the leveling of the playing field: The case of Latin America". In: *Cognitive enhancement: Ethical and policy implications in international perspectives*. Jotterand, F.; Dubljevic, V. (ed.). Oxford: Oxford University Press, p. 219-236.

6. Brewer, C. D.; Degrote, Heather. (2013). "Regulating methylphenidate: Enhancing cognition and social inequality". *The American Journal of Bioethics*, vol. 13, n. 7, p. 47-49. Labuzetta, Jaime. (2013). "Moving beyond methylphenidate and amphetamine: The ethics of a better *smart drug*". *The American Journal of Bioethics*, vol. 13, n. 17, 2013, p. 43-45. Dubljevic, Veljko. (2013). "Prohibition or coffee shops: Regulation of amphetamine and methylphenidate for enhancement use by healthy adults". *The American Journal of Bioethics*, vol. 13, n. 7, p. 23-33. Sahakian, Barbara; Labuzetta, J. Nicole. (2013). *Bad moves: How decision making goes wrong, and the ethics of smart drugs*. Oxford: Oxford University Press. Repantis, Dimitris *et alia*. (2010). "Modafinil and methylphenidate for neuroenhancement in healthy individuals: A systematic review". *Pharmacological Research*, vol. 62, p. 187-206. Mehta, Mitul *et alia*. (2000). "Methylphenidate enhances working memory by modulating discrete frontal and parietal lobe regions in the human brain". *The Journal of Neuroscience*, vol. 20, p. 1-6.

7. Boletim de Farmacoepidemiologia do SNGPC. (2012). "Prescrição e consumo de metilfenidato no Brasil: Identificando riscos para o monitoramento e controle sanitário". *Boletim de Farmacoepidemiologia do SNGPC* (Sistema Nacional de Gerenciamento de Produtos Controlados), ano 2, n. 2,

junho / dezembro de 2012, p. 4. Cambricoli, Fabiana. (2014). "Brasil registra aumento de 775% no consumo de Ritalina em dez anos". *O Estado de São Paulo*, 11 de agosto de 2014. Caliman, Luciana; Domitrovic, Nathalia. (2013). "Uma análise da dispensa pública do metilfenidato no Brasil: o caso do Espírito Santo". *Physis: Revista de Saúde Coletiva* (Rio de Janeiro), vol. 23, n. 3, 2013, p. 879-902. Shirakawa, Mayumi; Tejada, Nascimento; Marinho, Franco. "Questões atuais no uso indiscriminado do metilfenidato". *Omnia Saúde*, vol. 9, n. 1, 2012, p. 46-53.

8. Battleday, R. M.; Brem, A. K. (2015). "Modafinil for cognitive neuroenhancement in healthy non-sleep-deprived subjects: A systematic review". *European Neuropsychopharmacology*, vol. 25, n. 11, 2015, p. 1865-1881, especialmente p. 1879.

9. The Royal Society. (2012). "Brain waves module 3: Neuroscience, conflict, and security". *The Royal Society*. Londres: Science Policy Centre.

10. Sahakian, Barbara; Morein-Zamir, Sharon. (2007). "Professor's little helper: The use of cognitive-enhancing drugs by both ill and healthy individuals raises ethical questions that should not be ignored". *Nature*, vol. 450, p. 1157-1159, 20 de dezembro de 2007 (doi 10.1038/4501157a). Lopes, Reinaldo José. (2008). "Um quinto dos cientistas usa drogas para turbinar seu desempenho, diz pesquisa". *O Globo*, 10 de abril de 2008.

11. Müller-Jung, Joachim. (2013). "Jeder fünfte Student nimmt Pillen: Hirndoping boomt an Universitäten." *Frankfurt Allgemeine Zeitung*, 31 de janeiro de 2013. Dietz, P. *et alia* (2013). "Randomized response estimates for the 12-Month prevalence of cognitive-enhancing drug use in university students". *Pharmacotherapy*, vol. 33, n. 1, 2013, p. 44-50.

12. Maier, Larissa J. *et alia*. (2013). "To dope or not to dope: Neuroenhancement with prescription drugs and drugs of abuse among Swiss university students". *Zurich Open Repository and Archive* [Universidade de Zurique], 11p. (doi: 10.1371/journal.pone.0077967). Schelle, Kimberly *et alia*. (2015). "A survey of substance use for cognitive enhancement by university students in the Netherlands". *Frontiers in Systems Neuroscience*, vol. 9, 2015, p. 1-10. (doi: 10.3389/fnsys.2015.00010). Eickenhorst, Patrick; Vitzthum, Karin; Klapp, Burghard F. (2013). "Neuroenhancement among German university students: Motives, expectations, and relationship with psychoactive lifestyle drugs". *Journal of Psychoactive Drugs*, vol. 44, n. 5, p. 418-427. Myrseth, Helga; Pallesen, Ståle; Torsheim,Torbjørn. (2018). "Prevalence and correlates of stimulant and depressant pharmacological cognitive enhancement among Norwegian students". *Nordic Studies on Alcohol and Drugs*, vol. 35, n. 5, p. 372-387. Loewe, Daniel. (2016). "Cog-

nitive enhancement and the leveling of the playing field: The case of Latin America". In: *Cognitive enhancement: Ethical and policy implications in international perspectives*. Jotterand, F.; Dubljevic, V. (ed.). Oxford: Oxford University Press, p. 219-236.

13. Miranda, Giuliana. (2015). "Jovens saudáveis usam remédios psiquiátricos para ir melhor em provas". *Folha de São Paulo*, 18 de agosto de 2015. Vieira, Bianka. (2017). "Rebite universitário". *Revista Trip*, 3 de julho de 2017. Vera, Andres; Soares, Danilo. (2009). "A nova onda de remédios para o cérebro". *Revista Época*, 8 de maio de 2009. Nogueira, Salvador; Garattoni, Bruno. (2011). "A pílula da inteligência". *Revista Superinteressante*, 16 de abril de 2011.

14. Steinkamp, Peter. (2006). "Pervitin (metamphetamine) tests, use and misuse in the German Wehrmacht". In: *Man, medicine, and the state: The human body as an object of government sponsored medical research in the 20th century*. W. W. Eckart (ed.). Stuttgart: Franz Steiner, p. 61-72. Ver também Ohler, Norman. (2017). *High Hitler. Como o uso de drogas pelo Führer e pelos nazistas ditou o ritmo do Terceiro Reich* (traduzido por Silvia Bittencourt). São Paulo: Crítica. (Originalmente publicado em 2017).

15. A referência mais antiga aparece no jornal *Diário Carioca*, em 1950, p. 6. Consulta feita através da *Hemeroteca Digital da Biblioteca Nacional*.

16. Jornal do Dia (Jornal, Rio de Janeiro). (1955). "Vestibular é viver... (sofrendo)", 24 de fevereiro de 1955, p. 3. Acessado através da *Hemeroteca Digital da Biblioteca Nacional*.

17. Última Hora (Rio de Janeiro). (1955). "Elvira, a 'Miss' de sangue azul", 15 de junho, 1955, p. 7. Acessado através da *Hemeroteca Digital da Biblioteca Nacional*.

18. Última Hora (Jornal, Rio de Janeiro). (1956). "Cuidado com o Pervitin!", 11 de julho de 1956, p. 2. Acessado através da *Hemeroteca Digital da Biblioteca Nacional*.

19. Última Hora (Jornal, Rio de Janeiro). (1956). "100 horas sem dormir para fazer o novo Plano-Aumento", 22 de fevereiro de 1956, p. 7. Acessado através da *Hemeroteca Digital da Biblioteca Nacional*.

20. Tribuna da Imprensa (Jornal, Rio de Janeiro). (1956). "O 'slogan' e a pílula para não dormir", 5 de abril de 1956, p. 1 e p. 4. Acessado através da *Hemeroteca Digital da Biblioteca Nacional*.

21. Tribuna da Imprensa (Jornal, Rio de Janeiro). (1957). "Mocidade pervitínica", 27 de junho de 1957, p. 4. Acessado através da *Hemeroteca Digital da Biblioteca Nacional.*

22. Cavalcanti, C. (1958). "Notas sobre o abuso das anfetaminas. Seus perigos e prevenção". *Neurobiologia*, vol. 27, p. 85-91. O estudo de Cavalcanti é citado por: Tripicchio, Adalberto. (2007). "*Ice*: droga antiga volta mais poderosa". *Rede Psi*, 16 de agosto de 2007.

23. Diário Carioca (Jornal, Rio de Janeiro). (1956). "Itamarati estuda medidas contra o Pervitin", 15 de junho de 1956, p. 11. Acessado através da *Hemeroteca Digital da Biblioteca Nacional.*

24. Última Hora (Jornal, Rio de Janeiro). "Farmácias serão vasculhadas no combate às 'drogas do sono'", 19 de novembro de 1962, p. 5. Acessado através da *Hemeroteca Digital da Biblioteca Nacional.*

25. Flanigan, Jessica. (2017). *Pharmaceutical freedom: Why patients have a right to self-medicate.* Oxford: Oxford University Press.

26. Dall'Agnol, Darlei. (2017). "Princípios bioéticos e melhoramento cognitivo". *Thaumazein* (Santa Maria), vol. 10, n. 19, p. 17-28. Oliveira, Nythamar. (2016). "On ritalin, adderall, and cognitive enhancement: Metaethics, bioethics, neuroethics". *Ethic@*, v. 15, n. 3, 2016, p. 343-368. Vilaça, Murilo Mariano; Dias, Maria Clara. (2015). "Tratar, sim; melhorar, não? Análise crítica da fronteira terapia/melhoramento". *Revista de Bioética*, vol. 23, n. 2, 2015, p. 267-76. Azevedo, Marco Antonio. (2013). "Aprimoramento humano: Um novo tema da agenda filosófica". *Princípios*, vol. 20, n. 33, p. 265-303.

27. Nature. (2017). "Six decades of struggle over the pill". *Nature (Editorial)*, 5 de junho de 2017, vol. 546, p. 185 . (doi:10.1038/546185a).

28. Cook, Hera. (2004). *The long sexual revolution. English women, sex, and contraception 1800-1975*. Oxford: Oxford University Press, p. 95.

Capítulo 11

1. Neumann, B. (2010). "Being prosthetic in the First World War and Weimar Germany". In: *Body & Society*, vol. 16, n. 3, p. 98. Perry, Heather. (2002). "Re-arming the disabled veteran. Artificially rebuilding state and society in World War One Germany". In: *Artificial parts, practical lives: Modern histories of prosthetics*. Ott, Katherine; Serlin, David; Mihm, Stephen (ed.). New York: New York University Press, p. 86.

2. Fineman, Mia. (1999). "Ecce homo prostheticus". *New German Critique*, vol. 76, p. 88. Ver também Cohen, Deborah. (2001). *The war come home: Disabled veterans in Britain and Germany, 1914-1939*. Berkeley: University of California Press. Nolan, Mary. (1994). *Visions of modernity: American business and the modernization of Germany*. New York: Oxford University Press. Harrasser, Karin. (2010). "Exzentrische Empfindung. Raoul Hausmann und die Prothetik der Zwischenkriegszeit". In: *Edinburgh German Yearbook 4: Disability in German literature, film, and theater*. Joshua, Eleoma; Schillmeier, Michael (ed.). New York: Rochester (Camden House), p. 61. Perry, Heather. (2002). "Re-arming the disabled veteran. Artificially rebuilding state and society in World War One Germany". Ott, Katherine; Serlin, David; Mihm, Stephen (ed.). In: *Artificial parts, practical lives: Modern histories of prosthetics*. New York: New York University Press, p. 78.

3. Panchasi, Roxanne. (2009). *Future tense*: *The culture of anticipation in France between the wars*. New York: Cornell University Press, p. 15-16.

4. Karpa, Martin Friedrich. (2005). *Die Geschichte der Armprothese unter besonderer Berücksichtigung der Leistung von Ferdinand Sauerbruch (1875–1951)*. Bochum: Universidade de Bochum, Alemanha (tese de doutorado), p. 114-115. Kaempffert, Waldemar; Jungmann, A. M. (1918). "Crippled but undaunted". *Popular Science*, vol. 98, p. 70-73.

5. Sloterdijk, Peter. (1987). "Artificial limbs. Functionalist cynicisms II: On the spirit of technology". In: *Critique of cynical reason*. Minneapolis: University of Minnesota Press, p. 446 e 451. Ver também Fineman, Mia. (1999). "Ecce homo prostheticus". *New German Critique*, vol. 76, p. 85-114. Gaughan, Martin Ignatius. (2006). *The prosthetic body in early modernism: Dada's anti-humanist humanism*. In: *Dada culture: Critical texts on the avant-garde*. Jones, Dafydd (ed.). Amsterdam: Rodopi, p. 143. Elswit, Kate. (2008). "The some of the parts: Prosthesis and function in Bertolt Brecht, Oskar Schlemmer, and Kurt Jooss". *Modern Drama*, vol. 51, n. 3, p. 394.

6. Mcmurtrie, D. (2018). *Reconstructing the crippled soldier*. New York: Red Cross Institute for Crippled and Disabled Men. As palavras *aleijado* em português, *cripple* em inglês, e *Krüppel* em alemão podem ser consideradas ofensivas hoje em dia. Mas no contexto da primeira metade do século XX elas ainda não tinham a mesma conotação que têm hoje. Na Áustria, havia por exemplo um jornal chamado *Der Krüppel*, que defendia os interesses das pessoas portadoras de necessidades especiais. Na Alemanha, a revista *Zeitschrift für Krüppelfürsorge*, destinada a médicos e enfermeiros,

tratava de questões relativas aos cuidados dispensados a pacientes portadores de algum tipo de deficiência física. Empregarei a palavra "aleijado" neste capítulo apenas quando eu tiver de me referir a documentos e publicações do período entreguerras, nos quais as palavras *aleijado*, *cripple* ou *Krüppel* não tinham ainda a conotação negativa que passaram a ter depois.

7. Mcmurtrie, D. (2018). *Reconstructing the crippled soldier*. New York: Red Cross Institute for Crippled and Disabled Men, p. 3.

8. Mcmurtrie, D. (2018). *Reconstructing the crippled soldier*. New York: Red Cross Institute for Crippled and Disabled Men, p. 14. Ver também Brown, Elspeth H. (2008). *The corporate eye: Photography and the rationalization of American commercial culture, 1884-1929*. Baltimore: Johns Hopkins University Press, p. 116-117. Harrasser, Karin. (2013). "Sensible Prothesen. Medien der Wiederherstellung von Produktivität". In: *Body Politics*, vol. 1, n. 1, p. 104. Neumann, B. (2010). "Being prosthetic in the First World War and Weimar Germany". In: *Body & Society*, vol. 16, n. 3, p. 97-98. Biro, Matthew. (2009). "The militarized cyborg: Soldier portraits, war cripples, and the deconstruction of the authoritarian subject". In: *The dada cyborg: Visions of the new human in Weimar Berlin*. Minneapolis: University of Minnesota Press, p. 170. Harrasser, Karin. (2010). "Exzentrische Empfindung. Raoul Hausmann und die Prothetik der Zwischenkriegszeit". In: *Edinburgh German Yearbook 4: Disability in German literature, film, and theater*. Joshua, Eleoma; Schillmeier, Michael (ed.). New York: Rochester (Camden House), p. 62-63. Patzel-Mattern, Katja. (2005). "Menschliche Maschinen – Maschinelle Menschen? Die industrielle Gestaltung des Mensch-Maschine-Verhältnisses am Beispiel der Psychotechnik und der Arbeit Georg Schlesingers mit Kriegsversehrten". In: *Würzburger Medizinhistorische Mitteilungen*, vol. 24, p. 383 e 386. Perry, Heather. (2002). "Re-arming the disabled veteran. Artificially rebuilding state and society in World War One Germany". Ott, Katherine; Serlin, David; Mihm, Stephen (ed.). In: *Artificial parts, practical lives: Modern histories of prosthetics*. New York: New York University Press, p. 86.

9. Fon Fon. (1918). "Não há mais aleijados". *Fon Fon* (Rio de Janeiro), vol. 12, n. 51, p.99-100. Acessado através da *Hemeroteca Digital da Biblioteca Nacional.*

10. Zweig, S. (1985 [1944]). *Die Welt von Gestern. Erinnerungen eines Europäers*. Frankfurt: Fischer, p. 263.

11. Remarques, Erich Maria. (1929). *Im Westen nichts Neues*. Edição estabelecida por Schneider, Thomas F. (2004). *Erich Maria Remarques Roman "Im Westen nichts Neues": Text, Edition, Entstehung, Distribution und*

Rezeption (1928–1930). Tübingen: Max Niemeyer. Ver também Elswit, Kate. (2008). "The some of the parts: Prosthesis and function in Bertolt Brecht, Oskar Schlemmer, and Kurt Jooss". *Modern Drama*, vol. 51, n. 3, p. 389-410. Tajiri, Yoshiki. (2007). *Samuel Beckett and the prosthetic body: The organs and senses in modernism*. Londres: Palgrave.

12. Mcmurtrie, D. (2018). *Reconstructing the crippled soldier*. New York: Red Cross Institute for Crippled and Disabled Men, p. 14.

13. Reilly, Kara. (2011). *Automata and mimesis on the stage of theatre history*. Londres: Palgrave Macmillan. Rossi, Paolo. (1989). *Os filósofos e as máquinas: 1400-1700* (traduzido por Federico Carotti). São Paulo: Companhia das Letras.

14. Panchasi, Roxanne. (2009). *Future tense: The culture of anticipation in France between the wars*. New York: Cornell University Press, p. 19. Brown, Elspeth H. (2008). *The corporate eye: Photography and the rationalization of American commercial culture, 1884-1929*. Baltimore: Johns Hopkins University Press, p. 116. Brauer, Fae. (2003). "Representing 'Le moteur humain': Chronometry, chronophotography, 'The Art of Work' and the 'Taylored' Body". In: *Visual resources*, vol. 19, n. 2, p. 83-105. Alves, Silvana Aparecida *et alia*. (2010). "A arte do trabalho: Jules Amar". In: *A evolução histórica da ergonomia no mundo e seus pioneiros*. Da Silva, José Carlos Plácido; Paschoarelli, Luis Carlos (ed.). São Paulo: Cultura Acadêmica, p. 49-54.

15. Amar, Jules. (1920 [1914]). *The human motor, or the scientific foundations of labour and industry*. Londres: George Routledge & Sons, 463.

16. Amar, Jules. (1917). *Organisation physiologique du travail*. Paris: H. Dunod et E. Pinat, p. 289.

17. Horn, Eva. (2001). "Prothesen: Der Mensch im Lichte des Maschinenbaus". *Mediale Anatomien. Menschenbilder als Medienprojektionen*. In: Keck, Annette; Pethes, Nicolas (ed.). Bielefeld: Transkript, p. 205. Fineman, Mia. (1999). "Ecce homo prostheticus". *New German Critique*, vol. 76, p. 105.

18. Karpa, Martin Friedrich. (2005). *Die Geschichte der Armprothese unter besonderer Berücksichtigung der Leistung von Ferdinand Sauerbruch (1875–1951)*. Bochum: Universidade de Bochum, Alemanha (tese de doutorado), p. 116. Horn, Eva. (2001). "Prothesen: Der Mensch im Lichte des Maschinenbaus". *Mediale Anatomien. Menschenbilder als Medienprojektionen*. In: Keck, Annette; Pethes, Nicolas (ed.). Bielefeld: Transkript, p. 200-202.

19. Karpa, Martin Friedrich. (2005). *Die Geschichte der Armprothese unter besonderer Berücksichtigung der Leistung von Ferdinand Sauerbruch (1875–1951)*. Bochum: Universidade de Bochum, Alemanha (tese de doutorado), p. 114-149. Ver também Harrasser, Karin. (2013). *Körper 2.0: Über die technische Erweiterbarkeit des Menschen*. Bielefeld: Transcript p. 93-94. Harrasser, Karin. (2010). "Exzentrische Empfindung. Raoul Hausmann und die Prothetik der Zwischenkriegszeit". In: *Edinburgh German Yearbook 4: Disability in German literature, film, and theater*. Joshua, Eleoma; Schillmeier, Michael (ed.). New York: Rochester (Camden House), p. 65-66. Harrasser, Karin. (2013). "Sensible Prothesen. Medien der Wiederherstellung von Produktivität". In: *Body Politics*, vol. 1, n. 1, p. 107. Perry, Heather. (2002). "Re-arming the disabled veteran. Artificially rebuilding state and society in World War One Germany". In: *Artificial parts, practical lives: Modern histories of prosthetics*. Ott, Katherine; Serlin, David; Mihm, Stephen (ed.). New York: New York University Press, p. 90-91. Kienitz, Sabine. (2001). "'Fleischgewordenes Elend': Kriegsinvalidität und Körperbilder als Teil einer Erfahrungsgeschichte des Ersten Weltkrieges". In: *Die Erfahrung des Krieges*. Buschmann, Nikolaus; Horst, Carl (ed.). Paderborn: Ferdinand Schöningh, p. 231.

20. Sauerbruch, F. (2016). *Die willkürlich bewegbare künstliche Hand: Eine Anleitung für Chirurgen und Techniker*. Berlim: Springer, p. 7. Ver também Harrasser, Karin. (2013). *Körper 2.0: Über die technische Erweiterbarkeit des Menschen*. Bielefeld: Transcript, p. 93-94. Karpa, Martin Friedrich. (2005). *Die Geschichte der Armprothese unter besonderer Berücksichtigung der Leistung von Ferdinand Sauerbruch (1875–1951)*. Bochum: Universidade de Bochum, Alemanha (tese de doutorado), p. 114-149. Harrasser, Karin. (2010). "Exzentrische Empfindung. Raoul Hausmann und die Prothetik der Zwischenkriegszeit". In: *Edinburgh German Yearbook 4: Disability in German literature, film, and theater*. Joshua, Eleoma; Schillmeier, Michael (ed.). New York: Rochester (Camden House), p. 63. Dewey, Marc; Schagen, Udo *et alia*. (2006). "Ernst Ferdinand Sauerbruch and his ambiguous role in the period of National Socialism". *Annals of Surgery*, vol. 244, n. 2, p. 315-321.

21. Karpa, Martin Friedrich. (2005). *Die Geschichte der Armprothese unter besonderer Berücksichtigung der Leistung von Ferdinand Sauerbruch (1875–1951)*. Bochum: Universidade de Bochum, Alemanha (tese de doutorado), p. 81.

22. Sauerbruch, Ferdinand. (1919). "Die plastische Umwandlung der Amputationsstfümpfe für willkürlich bewegbare Ersatzglieder". In: *Ersatzglieder und Arbeitshilfen: Für Kriegsbeschädigte und Unfallverletzte*.

Berlim: Springer, 1919, p. 234-252, p. 219. Ver também Meyer, Karl. (1919). *Die Muskelkräfte Sauerbruch-Operierter und der Kraftverbrauch künstlicher Hände und Arme*. Berlim: Springer. Karpa, Martin Friedrich. (2005). *Die Geschichte der Armprothese unter besonderer Berücksichtigung der Leistung von Ferdinand Sauerbruch (1875–1951)*. Bochum: Universidade de Bochum, Alemanha (tese de doutorado). Neumann, B. (2010). "Being prosthetic in the First World War and Weimar Germany". In: *Body & Society*, vol. 16, n. 3, p. 102. Patzel-Mattern, Katja. (2005). "Menschliche Maschinen – Maschinelle Menschen? Die industrielle Gestaltung des Mensch-Maschine-Verhältnisses am Beispiel der Psychotechnik und der Arbeit Georg Schlesingers mit Kriegsversehrten". In: *Würzburger Medizinhistorische Mitteilungen*, vol. 24, p. 386.

23. Sauerbruch, Ferdinand. (1937.) "Die willkürlich bewegbare künstliche Hand" [video, 09:10 min]. In: *Bundesarchiv, Abt. Filmarchiv*. Berlim: Chirurgische Universitäts-Klinik der Charité, Hochschulfilm-Nr. C 183. Disponível em: http://vlp.mpiwg-berlin.mpg.de/library/data/lit38416. Ver também Sauerbruch, Ferdinand. (1919). "Die plastische Umwandlung der Amputationsstfümpfe für willkürlich bewegbare Ersatzglieder". In: *Ersatzglieder und Arbeitshilfen: Für Kriegsbeschädigte und Unfallverletzte*. Berlim: Springer, 1919, p. 234-252.

24. Perry, Heather. (2002). "Re-arming the disabled veteran. Artificially rebuilding state and society in World War One Germany". Ott, Katherine; Serlin, David; Mihm, Stephen (ed.). In: *Artificial parts, practical lives: Modern histories of prosthetics*. New York: New York University Press, p. 86.

25. Harrasser, Karin. (2010). "Exzentrische Empfindung. Raoul Hausmann und die Prothetik der Zwischenkriegszeit". In: *Edinburgh German Yearbook 4: Disability in German literature, film, and theater*. Joshua, Eleoma; Schillmeier, Michael (ed.). New York: Rochester (Camden House), p. 66.

26. Nolan, Mary. (1994). *Visions of modernity: American business and the modernization of Germany*. New York: Oxford University Press, p. 43. Harrasser, Karin. (2013). "Sensible Prothesen. Medien der Wiederherstellung von Produktivität". In: *Body Politics*, vol. 1, n. 1, p. 99-117, p. 104. Harrasser, Karin. (2009). "Passung durch Rückkopplung. Konzepte der Selbstregulierung in der Prothetik des Ersten Weltkriegs". In: *Informatik 2009. Im Focus: Das Leben*. Fischer, Stefan; Maehle, Erik *et alia* (ed.). Bonn: GI, vol. 154, p. 788-801, p. 789.

27. Harrasser, Karin. (2013). *Körper 2.0: Über die technische Erweiterbarkeit des Menschen*. Bielefeld: Transcript, p. 91.

28. Kienitz, Sabine. (2001). "'Fleischgewordenes Elend': Kriegsinvalidität und Körperbilder als Teil einer Erfahrungsgeschichte des Ersten Weltkrieges". In: *Die Erfahrung des Krieges*. Buschmann, Nikolaus; Horst, Carl (ed.). Paderborn: Ferdinand Schöningh, p. 230-231. Patzel-Mattern, Katja. (2005). "Menschliche Maschinen – Maschinelle Menschen? Die industrielle Gestaltung des Mensch-Maschine-Verhältnisses am Beispiel der Psychotechnik und der Arbeit Georg Schlesingers mit Kriegsversehrten". In: *Würzburger Medizinhistorische Mitteilungen*, vol. 24, p. 382-383. Harrasser, Karin. (2013). "Sensible Prothesen. Medien der Wiederherstellung von Produktivität". In: *Body Politics*, vol. 1, n. 1, p. 103.

29. Kienitz, Sabine. (2001). "'Fleischgewordenes Elend': Kriegsinvalidität und Körperbilder als Teil einer Erfahrungsgeschichte des Ersten Weltkrieges". In: *Die Erfahrung des Krieges*. Buschmann, Nikolaus; Horst, Carl (ed.). Paderborn: Ferdinand Schöningh, p. 230-231.

30. Citado por Patzel-Mattern, Katja. (2005). "Menschliche Maschinen – Maschinelle Menschen? Die industrielle Gestaltung des Mensch-Maschine-Verhältnisses am Beispiel der Psychotechnik und der Arbeit Georg Schlesingers mit Kriegsversehrten". In: *Würzburger Medizinhistorische Mitteilungen*, vol. 24, p. 385.

31. Nolan, Mary. (1994). *Visions of modernity: American business and the modernization of Germany*. New York: Oxford University Press, p. 43 e 69. Rabinbach, Anson. (1992). *The human motor: Energy, fatigue, and the origins of modernity*. Berkeley: University of California Press, p. 258 e 279. Harrasser, Karin. (2010). "Exzentrische Empfindung. Raoul Hausmann und die Prothetik der Zwischenkriegszeit". In: *Edinburgh German Yearbook 4: Disability in German literature, film, and theater*. Joshua, Eleoma; Schillmeier, Michael (ed.). New York: Rochester (Camden House), p. 66. Patzel-Mattern, Katja. (2005). "Menschliche Maschinen – Maschinelle Menschen? Die industrielle Gestaltung des Mensch-Maschine-Verhältnisses am Beispiel der Psychotechnik und der Arbeit Georg Schlesingers mit Kriegsversehrten". In: *Würzburger Medizinhistorische Mitteilungen*, vol. 24, p. 379 e 385.

32. Neumann, B. (2010). "Being prosthetic in the First World War and Weimar Germany". In: *Body & Society*, vol. 16, n. 3, p. 114-115. Poore, Carol. (2007). *Disability in twentieth-century German culture*. Ann Arbor: University of Michigan Press, p. 33. Fineman, Mia. (1999). "Ecce homo prostheticus". *New German Critique*, vol. 76, p. 105-107. Biro, Matthew.

(2009). "The militarized cyborg: Soldier portraits, war cripples, and the deconstruction of the authoritarian subject". In: *The dada cyborg: Visions of the new human in Weimar Berlin*. Minneapolis: University of Minnesota Press, p. 169-170.

33. Harrasser, Karin. (2010). "Exzentrische Empfindung. Raoul Hausmann und die Prothetik der Zwischenkriegszeit". In: *Edinburgh German Yearbook 4: Disability in German literature, film, and theater*. Joshua, Eleoma; Schillmeier, Michael (ed.). New York: Rochester (Camden House), p. 58. Kienitz, Sabine. (2001). "'Fleischgewordenes Elend': Kriegsinvalidität und Körperbilder als Teil einer Erfahrungsgeschichte des Ersten Weltkrieges". In: *Die Erfahrung des Krieges*. Buschmann, Nikolaus; Horst, Carl (ed.). Paderborn: Ferdinand Schöningh, p. 217-218 e 233.

34. Hausmann, Raoul. (1920). "Prothesenwirtschaft: Gedanken eines Kapp-Offiziers". In: *Die Aktion*, vol. 47/48, p. 669.

35. Hausmann, Raoul. (1992 [1921]). "Hurra! Hurra! Hurra!". In: *Kritik, Satire, Parodie: Gesammelte Aufsätze zu den Dunkelmännerbriefen, zu Lesage, Lichtenberg, Klassiker-Parodie, Daumier, Herwegh, Kürnberger, Holz, Kraus, Heinrich Mann, Tucholsky, Hausmann, Brecht, Valentin, Schwitters, Hitler-Parodie und Henscheid*. Riha, Karl (ed.). Opladen: Westdeutscher Verlag, p. 669. Ver também Harrasser, Karin. (2010). "Exzentrische Empfindung. Raoul Hausmann und die Prothetik der Zwischenkriegszeit". In: *Edinburgh German Yearbook 4: Disability in German literature, film, and theater*. Joshua, Eleoma; Schillmeier, Michael (ed.). New York: Rochester (Camden House), p. 73. Poore, Carol. (2007). *Disability in twentieth-century German culture*. Ann Arbor: University of Michigan Press, p. 33.

36. Hausmann, Raoul. (1992 [1921]). "Hurra! Hurra! Hurra!". In: *Kritik, Satire, Parodie: Gesammelte Aufsätze zu den Dunkelmännerbriefen, zu Lesage, Lichtenberg, Klassiker-Parodie, Daumier, Herwegh, Kürnberger, Holz, Kraus, Heinrich Mann, Tucholsky, Hausmann, Brecht, Valentin, Schwitters, Hitler-Parodie und Henscheid*. Riha, Karl (ed.). Opladen: Westdeutscher Verlag, p. 173.

37. "Monumento à prótese desconhecida" (*Denkmal der unbekannten Prothesen*,1930) de Heinrich Hoerle. Ver também Poore, Carol. (2007). *Disability in twentieth-century German culture*. Ann Arbor: University of Michigan Press, p. 36.

38. Ver por exemplo as obras "Autômatos republicanos" (*Republikanische Automaten*), 1920; "Daum se casa com George, seu autômato pedante,

em maio de 1920. John Heartfield se alegra." (*Daum heiratet ihren pedantischen Automat George in Mai 1920. John Heartfield erfreut sich*), 1920.

39. Lang, Fritz. (1927). *Metropolis*. Intertítulo (*ca*. 43:25 da versão restaurada): "Lohnt es sich nicht, eine Hand zu verlieren, um den Menschen der Zukunft den Maschinen-Menschen geschaffen zu haben?".

40. Freud, Sigmund. (1999). *Das Unbehagen in der Kultur. Gesammelte Werke: Werke aus den Jahren 1925-1931*, vol. 15, p. 451. Ver também Harrasser, Karin. (2010). "Exzentrische Empfindung. Raoul Hausmann und die Prothetik der Zwischenkriegszeit". In: *Edinburgh German Yearbook 4: Disability in German literature, film, and theater*. Joshua, Eleoma; Schillmeier, Michael (ed.). New York: Rochester (Camden House), p. 68-69. Gaughan, Martin Ignatius. (2006). *The prosthetic body in early modernism: Dada's anti-humanist humanism*. In: *Dada culture: Critical texts on the avant-garde*. Jones, Dafydd (ed.). Amsterdam: Rodopi, p. 141. Fineman, Mia. (1999). "Ecce homo prostheticus". *New German Critique*, vol. 76, p. 87. Neumann, B. (2010). "Being prosthetic in the First World War and Weimar Germany". In: *Body & Society*, vol. 16, n. 3, p. 95. Armstrong, Tim. (1998). "Prosthetic modernism". In: *Modernism, technology, and the body: A cultural study*. Cambridge: Cambridge University Press, p. 77. Wigley, Mark. (1991). "Prosthetic theory: The disciplining of architecture". *Assemblage*, vol. 15, p. 8.

41. Baur, Eva Gesine. (2008). *Freuds Wien: Eine Spurensuche*. Munique: CH Beck, p. 152.

42. Burkett, Brendan; McNamee, Mike; Potthast, Wolfgang. (2011). "Shifting boundaries in sports technology and disability: equal rights or unfair advantage in the case of Oscar Pistorius?". *Disability & Society*, vol. 26, n. 5, p. 643-654. Longman, J. (2007). "An amputee sprinter: Is he disabled or too-abled?". *The New York Times*, 15 de maio de 2007.

43. Wainwright, Oliver. (2015). "The Lego prosthetic arm that children can create and hack themselves". *The Guardian*, 22 de julho de 2015.

44. Cybathlon: http://www.cybathlon.ethz.ch/en/.

45. Reardon, Sara. (2016). "Welcome to the Cyborg Olympics. The Cybathlon aims to help disabled people navigate the most difficult course of all: The everyday world". *Nature*, vol. 536, p. 20-22, 4 de agosto de 2016 (doi:10.1038/536020a).

Capítulo 12

1. Ver por exemplo More, Max; Vita-More Natasha (ed.). (2013). *The transhumanist reader: Classical and contemporary essays on the science, technology, and philosophy of the human future*. Oxford: Wiley-Blackwell.

2. Barry, Max. (2012 [2011]). *Homem-Máquina* (traduzido por Fábio Fernandes). Rio de Janeiro: Intrínseca.

3. Burkett, Brendan; McNamee, Mike; Potthast, Wolfgang. (2011). "Shifting boundaries in sports technology and disability: equal rights or unfair advantage in the case of Oscar Pistorius?". *Disability & Society*, vol. 26, n. 5, p. 643-654. Longman, J. (2007). "An amputee sprinter: Is he disabled or too-abled?". *The New York Times*, 15 de maio de 2007.

4. Jornal da Globo. (2015). "Polícia Federal está de olho nas compras irregulares de Ritalina. Medicamento que melhora a concentração virou febre entre estudantes", 3 julho de 2015.

5. Liang, P.; Xu, Y; Zhang, X. *et alia*. (2015). "CRISPR/Cas9-mediated gene editing in human tripronuclear zygotes". *Protein & Cell*, vol. 6, n. 5, p. 363-372 (doi:10.1007/s13238-015-0153-5).

6. O descarte de embriões é regulado no Brasil pela Resolução n. 2.013/2013 do CFM (Conselho Federal de Medicina), publicada no D.O.U. em 9 de maio de 2013, Seção I, p. 119. NOTA POSTERIOR À PUBLICAÇÃO DA ENTREVISTA: A Resolução 2.013/2013 foi substituída pela Resolução n. 2.121, publicada no D.O.U. de 24 de setembro de 2015. A Resolução de 2015, por sua vez, foi substituída pela "Resolução n. 2.168/2017" (publicada no D.O.U. em 10 de novembro de 2017). A resolução de 2017, atualmente em vigor, é discutida no capítulo 7 deste livro.

7. Cyranoski, David; Reardon, Sara. (2015). "Embryo editing sparks epic debate. In wake of paper describing genetic modification of human embryos, scientists disagree about ethics." *Nature*, vol. 520, p. 593-595, 29 de abril de 2015 (doi:10.1038/520593a).

8. Neumam, Camila. (2015). "Importação de sêmen estrangeiro aumenta 500% no Brasil em um ano". *UOL Notícias*, 17 de junho.

9. Devlin, Hannah. (2015). "Could these piglets become Britain's first commercially viable GM animals?". *The Guardian*, 23 de junho de 2015.

10. Rabinbach, Anson. (1992). *The human motor: Energy, fatigue, and the origins of modernity*. Berkeley: University of California Press. Rossi, Paolo. (1989). *Os Filósofos e as Máquinas: 1400-1700* (traduzido por Federico Carotti). São Paulo: Companhia das Letras.

Capítulo 13

1. Persson, Ingmar e Savulescu, Julian. (2012). *Unfit for the future: The need for moral enhancement*. Oxford: Oxford University Press.

2. Lewis, Sara M. (2013). "Man, machine, or mutant: When will athletes abandon the human body?". *Sports Law Journal*, vol. 20, n. 2, p. 717-772 (especialmente p. 733-735).

3. More, Max; Vita-More Natasha (ed.). (2013). *The transhumanist reader: Classical and contemporary essays on the science, technology, and philosophy of the human future*. Oxford: Wiley-Blackwell.

4. Hochberg, Leigh; Bacher, Daniel; Jarosiewicz, Beata *et alia*. (2012). "Reach and grasp by people with tetraplegia using a neurally controlled robotic arm". *Nature*, vol. 485, p. 372-5 (doi.org/10.1038/nature11076).

5. Nicolelis, Miguel. (2011). *Muito além do nosso eu: A nova neurociência que une cérebro e máquinas – e como ela pode mudar nossas vidas*. São Paulo: Companhia das Letras.

6. Liang, P.; Xu, Y; Zhang, X. *et alia*. (2015). "CRISPR/Cas9-mediated gene editing in human tripronuclear zygotes". *Protein & Cell*, vol. 6, n. 5, p. 363-372 (doi:10.1007/s13238-015-0153-5).

7. Barry, Max. (2012 [2011]). *Homem-Máquina* (traduzido por Fábio Fernandes). Rio de Janeiro: Intrínseca.

8. Barry, Max. (2012 [2011]). *Homem-Máquina* (traduzido por Fábio Fernandes). Rio de Janeiro: Intrínseca, p. 71.

9. A frase ocorre aproximadamente aos 43 minutos e 25 segundos da versão restaurada (disponível no YouTube).

10. Alternative Limb Project: http://www.thealternativelimbproject.com/

11. Barry, Max. (2012 [2011]). *Homem-Máquina* (traduzido por Fábio Fernandes). Rio de Janeiro: Intrínseca, 86. As reticências aparecem no original.

12. Pääbo, Svante. (2014). *Neanderthal man: In search of lost genomes*. New York: Basic Books.

Capítulo 14

1. Francis Crick Institute. (2016). "HFEA approval for new 'gene editing' techniques". *Francis Crick Institute News*, 1 de fevereiro de 2016.

2. Callaway, Ewen. (2016). "Embryo-editing research gathers momentum". *Nature*, vol. 532, 21 de abril, p. 289-90.

3. Connor, Steve. (2017). "First human embryos edited in U.S. Researchers have demonstrated they can efficiently improve the DNA of human embryos". *MIT Technology Review*, 26 de julho de 2017.

4. Ma, Hong *et alia*. (2017). "Correction of a pathogenic gene mutation in human embryos". *Nature*, vol. 548, p. 413-419, 24 de agosto de 2017 (doi.org/10.1038/nature23305).

5. Greely, Henry. (2017). "About that 'first gene-edited human embryos' story... There's less going on here than meets the eye". *Scientific American*, 28 de julho de 2017.

6. Reardon, Sara. (2015). "New life for pig-to-human transplants. Gene-editing technologies have breathed life into the languishing field of xenotransplantation". *Nature*, vol. 527, 152-154, 10 de novembro de 2015 (doi:10.1038/527152a).

7. Liang, P.; Xu, Y; Zhang, X. *et alia*. (2015). "CRISPR/Cas9-mediated gene editing in human tripronuclear zygotes". *Protein & Cell*, vol. 6, n. 5, p. 363-372 (doi:10.1007/s13238-015-0153-5). Kang, Xiangjin; He, Wenyin; Huang, Yuling *et alia* (2016). "Introducing precise genetic modifications into human 3PN embryos by CRISPR/Cas-mediated genome editing". *Journal of Assisted Reproduction and Genetics*, vol. 33, n. 5, p. 581-588 (doi: 10.1007/s10815-016-0710-8). Tang, L; Zeng, Y; Du, H *et alia*. (2017). "CRISPR/Cas-mediated gene editing in human zygotes using Cas9 protein". *Mol Genet Genomics*, vol. 292, n. 3, p. 525-533 (doi: 10.1007/s00438-017-1299-z).

8. Kang, Xiangjin; He, Wenyin; Huang, Yuling *et alia* (2016). "Introducing precise genetic modifications into human 3PN embryos by CRISPR/Cas-mediated genome editing". *Journal of Assisted Reproduction and Genetics*, vol. 33, n. 5, p. 581-588 (doi: 10.1007/s10815-016-0710-8).

9. Ledford, Heidi. (2015). "Where in the world could the first CRISPR baby be born? A look at the legal landscape suggests where human genome editing might be used in research or reproduction". *Nature*, vol. 526, 310-311, 13 de outubro de 2015 (doi:10.1038/526310a). NOTA POSTERIOR À PUBLICAÇÃO DA ENTREVISTA: Em novembro de 2018, para a minha

surpresa e contra as expectativas de toda a comunidade científica, foi comunicado, na China, o nascimento de duas gêmeas que tiveram seu genoma editado com CRISPR. Eu discuto esse caso no capítulo 8 deste livro.

10. Castro, Rosa. (2016). "The next frontier in reproductive tourism? Genetic modification". *The Conversation*, 17 de novembro de 2016.

11. Neumam, Camila. (2015). "Importação de sêmen estrangeiro aumenta 500% no Brasil em um ano". *UOL Notícias*, 17 de junho.

12. Fairfax Cryobank. http://www.fairfaxcryobank.com.br/.

13. Rochman, Bonnie. (2013). "5 million babies born through IVF in past 35 years, researchers say". *ABC News*, 14 de outubro de 2013.

14. Bhattacharya, Ananyo. (2012). "Human-rights court orders world's last IVF ban to be lifted". *Nature*, 28 de dezembro.

15. The National Academies of Sciences. (2017). *Human genome editing. Science, ethics, and governance*. Washington: The National Academies Press.

16. Clapper, James. (2016). "Statement for the record worldwide threat assessment of the US Intelligence Community". *Senate Armed Services Committee*, 9 de fevereiro de 2016 (https://goo.gl/zg3ZnR).

17. Weinerfeb, Tim. (1998). "Soviet defector warns of biological weapons". *New York Times*, 25 de fevereiro de 1998.

18. Dando, Malcolm. (2016). "Find the time to discuss new bioweapons". *Nature*, vol. 535, p. 9, 7 de julho de 2016 (doi:10.1038/535009a). Ver também Clapper, James. (2016). "Statement for the record worldwide threat assessment of the US Intelligence Community". *Senate Armed Services Committee*, 9 de fevereiro de 2016 (https://goo.gl/zg3ZnR).

Créditos

Capítulo 1

A primeira versão desse capítulo foi publicada como: Araujo, Marcelo de. (2018). "Por que escrever um romance se você pode muito bem escrever um programa de computador? Chatbots e o futuro da literatura". *Notícias do Dia. Instituto Humanitas Unisinos*, São Leopoldo, 5 de abril de 2018 (doi: 10.13140/RG.2.2.13015.78245). Uma versão preliminar do artigo foi apresentada em 2016 em um congresso sobre literatura. O resumo foi publicado nos anais do congresso como: Araujo, Marcelo de. (2016). "A criação de chatbots é o futuro do trabalho do escritor? Gerando narrativas de ficção em sociedades algorítmicas". In: *A personagem nos mundos possíveis do insólito ficcional. Caderno de resumos e programação. III Congresso Internacional Vertentes do Insólito Ficcional*. Rio de Janeiro: UERJ / Instituto de Letras, p. 208. (ISBN 978-85-8199-055-2). O texto do capítulo contém referências e discussões que não aparecem nas versões publicadas anteriormente.

Capítulo 2

A primeira versão desse capítulo foi publicada como: Araujo, Marcelo de. (2017). "Quem precisa de crítica literária? Algoritmos já leem romances e conseguem analisar a estrutura de obras de ficção". In: *Jornal Estadão*, São Paulo, 31 de outubro de 2017 (doi: 10.13140/RG.2.2.33056.69121). Eu retornei a esse tema posteriormente em um artigo mais extenso: Araujo, Marcelo de. (2018). "A *Poética* de Aristóteles e as humanidades digitais: Da análise dos clássicos à criação de algoritmos". *Viso: Cadernos de Estética Aplicada*, vol. 22, p. 110-131. O texto do capítulo contém referências e discussões que não aparecem nas versões publicadas anteriormente.

Capítulo 3

A primeira versão desse capítulo foi publicada como: Araujo, Marcelo de. (2016). "Os algoritmos e os desafios às novas configurações acadêmicas". *IHU On-Line. Revista do Instituto Humanitas Unisinos* (ISSN 1981-8793), São Leopoldo n. 482, 4 de abril de 2016, p. 14-16. Uma versão mais extensa deste artigo foi publicada como Araujo, Marcelo de (2016). "O uso de inteligência artificial para a geração automatizada de textos acadêmicos: plágio ou meta-autoria?". *Logeion: Filosofia da Informação*, vol. 3, n. 1, p. 89-107. O texto do capítulo contém referências e discussões que não aparecem nas versões publicadas anteriormente.

Capítulo 4

A primeira versão desse capítulo foi publicada como: Araujo, Marcelo de. (2016). "Gerador de teorias. Hipóteses científicas não caem do céu: cada vez mais, são geradas por inteligência artificial". *Ciência Hoje*, 29 de março de 2016. A versão publicada neste livro foi revisada e ampliada e contém agora referências e discussões que não aparecem nas versões publicadas anteriormente.

Capítulo 5

Este artigo resulta de uma palestra realizada na Biblioteca do Goethe-Institut, Rio de Janeiro, em 7 de dezembro de 2016. O evento teve como título "Manipulação e fake news". A versão publicada neste livro foi revisada e ampliada. A questão acerca da publicação de textos literários publicados nas redes sociais (mencionada no final do capítulo) foi retomada posteriormente em outro artigo: Araujo, Marcelo de. (2016). "Intertextualidade, metaficção e autoficção: Fronteiras da narrativa de ficção na literatura do início do século XXI". *Viso*, 2016, vol. 18, p. 141-161.

Capítulo 6

A primeira versão desse capítulo foi publicada como: Araujo, Marcelo de. (2017). "Síndrome de Down e sentimentos morais: o caso dos abortos na Europa e EUA". *Jornal Estadão*, São Paulo, 19 de setembro de 2017 (doi: 10.13140/RG.2.2.22990.36168). O texto do capítulo foi revisado e contém referências a discussões que não aparecem na versão publicada anteriormente.

Capítulo 7

Este texto foi especialmente redigido para este livro. Alguns trechos do capítulo foram originalmente publicados como: Araujo, Marcelo de. (2017). "Quem precisa de sexo para engravidar? Novas tecnologias vêm ampliando a liberdade que as mulheres têm de tomar decisões importantes sobre suas próprias vidas". *Jornal Estadão*, São Paulo, 28 de novembro de 2017.

Capítulo 8

Este texto foi especialmente redigido para este livro. Ele retoma algumas ideias previamente abordadas nos seguintes artigos: Araujo, Marcelo de. (2017). "Editing the genome of human beings: CRISPR-Cas9 and the ethics of genetic enhancement". *Journal of Evolution and Technology*, vol. 27, n. 1, p. 24-42. Araujo, Marcelo de. (2016). "Redesenhando a natureza humana: Bio-aprimoramento moral e a busca pela resolução de conflitos políticos". *Filosofia Unisinos*, vol. 17, n. 3, p. 374-383. Araujo, Marcelo de. (2016). "Ética nos esportes: Revisitando a questão do doping à luz do debate sobre aprimoramento humano". *Prometeus*, vol. 9, n. 20, p. 17-39. Araujo, Marcelo de. (2016). "Brasil e o genoma humano, discussões sobre o CRISPR-Cas9". *IHU On-Line. Revista do Instituto Humanitas Unisinos* (ISSN 1981-8793), São Leopoldo, n. 489, 18 de julho de 2016, p. 13-15. Araujo, Marcelo de. (2014). "Moral enhancement and political realism". *Journal of Evolution and Technology*, vol. 24, n. 2, p. 29-43.

Capítulo 9

Este texto foi especialmente redigido para este livro. Ele retoma algumas ideias previamente abordadas em artigos, palestras, programas de rádio, e capítulos de livro: Araujo, Marcelo de. (2017). "A ética do aprimoramento cognitivo: efeito Flynn e a falácia dos talentos naturais". *Revista Ethic@*, vol. 16, n. 1, p. 1-14. Araujo, Marcelo de (2017). "A ética da edição genômica em debate" (programa de rádio). In: *Quem sabe faz a hora*. Rádio Universitária Uberlândia FM (107,5 MHz). Apresentação de Alcino Bonella. Uberlândia, 27 de julho de 2017 (Parte 1) e 3 de agosto de 2017 (Parte 2) (doi: 10.13140/RG.2.2.25592.75524). Araujo, Marcelo de. (2017). "O que é a ética do aprimoramento humano" (palestra). *XIII Semana de Pós-Graduação em Filosofia da UERJ*, 27 de maio de 2017, 11p. (doi:10.13140/RG.2.2.18967.57760). Araujo, Marcelo de. (2016). "The ethics of editing the human genome with CRISPR-Cas9" (palestra). *Human Enhancement and the Law: Regulating for the Future*, 7 e 8 de janeiro de 2016, St Anne's College, University of Oxford. Araujo, Marcelo de. (2014). "Moral enhancement and political realism" (palestra). *Cognitive Enhancement Conference: Moral, Legal and Scientific Challenges*, TU Delft (Delft University of Technology), The Netherlands (Países Baixos), 12 e 15 de agosto de 2014. Araujo, Marcelo de. (2015). "The morality of *smart drugs*: should cognitive enhancement be prohibited, allowed, or required?". In: *Humboldt Colloquium: Research Excellence in a Globalised World – Experiences and Challenges from a Brazilian-German Perspective*. São Paulo: Humboldt Foundation, p. 32-33.

Capítulo 10

Uma versão preliminar, e bem mais curta, foi publicada originalmente em inglês em um blog do Uehiro Centre for Practical Ethics, da Universidade de Oxford como: Araujo, Marcelo de. "Pervitin instead of coffee? Change in attitudes to cognitive enhancement in the 50's and 60's in Brazil". *Practical Ethics News* (Blog). Oxford: University of Oxford, 9 de setembro de 2015. O tema foi retomado, pouco tempo depois, sob a forma de uma reportagem publicada online em coautoria com a jornalista Patricia Fachin: "*Smart drugs*: um debate que ainda não começou no Brasil". *Notícias do Dia do Instituto Humanitas Unisinos*, São Leopoldo, 23 de setembro de 2015. Patricia Fachin e eu posteriormente revisamos e ampliamos o artigo para publicação como capítulo de livro: Araujo, Marcelo de; Fachin, Patricia. 2018. "Passado e presente do debate sobre a ética do aprimoramento cognitivo no Brasil: Da 'Mocidade pervitínica' à 'Geração Ritalina'". In: *Ética Aplicada e Políticas Públicas*, Crisp, Roger; Dall'Agnol, Darlei; Savulescu, Julian; Tonetto, Milene (ed.). Florianópolis: Editora da UFSC, p. 99-118. A versão publicada neste livro foi revisada e ampliada.

Capítulo 11

Uma versão preliminar, e bem mais curta, foi publicada originalmente em inglês como: Araujo, Marcelo de. (2016). "World War I to the age of the cyborg: the surprising history of prosthetic limbs. What century-old prosthetic limbs reveal about attitudes towards human enhancement today". *The Conversation*, 6 de setembro de 2016. Uma versão bem mais extensa do texto foi publicada como: Araujo, Marcelo de. (2017). "Próteses na cultura do período entreguerras: Uma investigação sobre as origens do debate filosófico sobre aprimoramento humano". *Prometeus*, 23 (maio-agosto), p. 267-298. O tema foi apresentado e discutido em eventos acadêmicos que resultaram em duas publicações: Araujo, Marcelo de. (2016). "The *homo prostheticus* is back: The current debate on the ethics of human enhancement and the prosthetic limbs of the interwar years". In: *Brazilian Humboldt Kolleg: Environments: technoscience and its relation to sustainability, ethics, aesthetics, health and the human future*. São Carlos: Universidade Federal de São Carlos, 3-6 de novembro de 2016 (ISBN: 978-85-7241-846-1). Araujo, Marcelo de. (2015). "Para que pernas se as próteses correm mais? Tratamento e aprimoramento no debate bioético contemporâneo". In: *Crise da democracia?*. Amaro Fleck; Evânia Reich; Jordan Muniz (ed.). Florianópolis: Nefipo, p. 245-271.

Capítulo 12

Entrevista concedida à jornalista Patricia Fachin e ao jornalista João Vitor Santos. O texto foi originalmente publicado como "O que significa ser humano se faculdades cognitivas e físicas forem aprimoradas?" *IHU On-Line. Revista do Instituto Humanitas Unisinos* (ISSN 1981-8793), São Leopoldo, RS, 2015, vol. 472, p. 10-16.

Capítulo 13

Entrevista concedida ao jornalista Ricardo Machado. O texto foi originalmente publicado como "Entre o tratamento e o aprimoramento humano?" In: *IHU On-Line. Revista do Instituto Humanitas Unisinos* (ISSN 1981-8793), São Leopoldo, RS, vol. 487, 2016, p. 37-42.

Capítulo 14

Entrevista concedida à jornalista Patricia Fachin. O texto foi originalmente publicado como "A edição genética de embriões humanos é revolucionária e perturbadora". In: *Entrevista do Dia. Instituto Humanitas Unisinos – IHU*,

São Leopoldo, RS, 9 de agosto de 2017. Registrado como doi: 10.13140/RG.2.2.34528.58885).

Bibliografia

Adair, Gene. (1997). *Thomas Alva Edison: Inventing the electric age*. Oxford: Oxford University Press.

Adams, Tim. (2015). "And the Pulitzer goes to... a computer. Computer-generated copy is already used in sports and business reporting – will machines soon master great storytelling?" *The Guardian*, 28 de junho de 2015.

Alves, Silvana Aparecida *et alia*. (2010). "A arte do trabalho: Jules Amar". In: *A evolução histórica da ergonomia no mundo e seus pioneiros*. Da Silva, José Carlos Plácido; Paschoarelli, Luis Carlos (ed.). São Paulo: Cultura Acadêmica, p. 49-54.

Amar, Jules. (1920 [1914]). *The human motor, or the scientific foundations of labour and industry*. Londres: George Routledge & Sons.

Amar, Jules. (1917). *Organisation physiologique du travail*. Paris: H. Dunod et E. Pinat.

Amoth, Doug. (2014). "Interview with Eugene Goostman, the fake kid who passed the Turing test". *Time*, 9 de junho de 2014.

ANVISA (Agência Nacional de Vigilância Sanitária). (2017). "1° Relatório de importação de amostras seminais para uso em reprodução humana assistida". ANVISA, Brasília, 1 de agosto de 2017.

Araujo, Marcelo de. (2014). *René Descartes e a refutação do ceticismo: Verdade, coerência, e correspondência*. São Paulo: KDP (ISBN: 978-85-918597-0-2).

Araujo, Marcelo de. (2016). "Intertextualidade, metaficção e autoficção: Fronteiras da narrativa de ficção na literatura do início do século XXI". *Viso*, vol. 18, p. 141-161.

Archer, Jodie; Jockers, Matthew L. (2017). *O segredo do best-seller* (traduzido por Regiane Winarski). Bauru: Astral.

Aristóteles. (2015). *Poética*. Edição bilíngue (grego-português) organizada por Paulo Pinheiro. São Paulo: Editora.

Armstrong, Tim. (1998). "Prosthetic modernism". In: *Modernism, technology, and the body: A cultural study*. Cambridge: Cambridge University Press, p. 77-105.

Azevedo, Marco Antonio. (2013). "Aprimoramento humano: Um novo tema da agenda filosófica". *Princípios*, vol. 20, n. 33, p. 265-303.

Baerthlein, Thoma; Steinberger, Albert. (2016). "Robôs dominam debate político nas redes sociais". *Deutsche Welle*, 24 de agosto de 2016.

Baldwin, K. (2018). "Running out of time: Exploring women's motivations for social egg freezing". *Journal of Psychosomatic Obstetrics & Gynecology*, p. 1-9 (doi: 10.1080/0167482X.2018.1460352).

Baraniuk, Chris. (2018). "Would you care if this feature had been written by a robot?". *BBC*, 30 de janeiro de 2018.

Barclay, Tom. (2017). "Woman gives birth to girl whose embryo was frozen a year after mom was born". *USA Today*, 19 de dezembro de 2017.

Barnouw, Erik. (1966). *A history of broadcasting in the United States*. Oxford: Oxford University Press.

Barros, Denise; Ortega, Francisco. (2011). "Metilfenidato e aprimoramento cognitivo farmacológico: Representações sociais de universitários". *Saúde e Sociedade* (São Paulo), vol. 20, n. 2, p. 350-362.

Barry, Max. (2012 [2011]). *Homem-Máquina* (traduzido por Fábio Fernandes). Rio de Janeiro: Intrínseca.

Battleday, R. M.; Brem, A. K. (2015). "Modafinil for cognitive neuroenhancement in healthy non-sleep-deprived subjects: A systematic review". *European Neuropsychopharmacology*, vol. 25, n. 11, 2015, p. 1865-1881.

Baur, Eva Gesine. (2008). *Freuds Wien: Eine Spurensuche*. Munique: CH Beck.

BBC. (2005). "Sperm donor anonymity ends Sperm. People donating sperm and eggs will no longer have the right to remain anonymous, under a new law which came into force on Friday", 31 de março de 2005.

BBC. "Computer AI passes Turing test in 'world first'", 9 de junho de 2014.

Benatar, David. (2008). *Better never to have been: The harm of coming into existence*. Oxford: Oxford University Press.

Berkeley, George. (1988 [1710]). *Principles of human knowledge and three dialogues between Hylas and Philonous*. Londres: Penguin.

Beta Writer. (2019). *Lithium-ion batteries: A machine-generated summary of current research*. Heidelberg: Springer (ISBN 978-3-030-16799-8).

Bhatia, Rajani; Campo-Engelstein, Lisa. (2018). "The biomedicalization of social egg freezing: A comparative analysis of European and American professional ethics opinions and US news and popular media". *Science, Technology, & Human Values*, p. 1-24 (doi: 10.1177/0162243918754322).

Bhattacharya, Ananyo. (2012). "Human-rights court orders world's last IVF ban to be lifted". *Nature*, 28 de dezembro de 2012.

Biro, Matthew. (2009). "The militarized cyborg: Soldier portraits, war cripples, and the deconstruction of the authoritarian subject". In: *The dada cyborg: Visions of the new human in Weimar Berlin*. Minneapolis: University of Minnesota Press.

Boletim de Farmacoepidemiologia do SNGPC. (2012). "Prescrição e consumo de metilfenidato no Brasil: Identificando riscos para o monitoramento e controle sanitário". *Boletim de Farmacoepidemiologia do SNGPC* (Sistema Nacional de Gerenciamento de Produtos Controlados), ano 2, n. 2, junho / dezembro de 2012.

Bosker, Bianca. (2013). "Philip Parker's trick for authoring over 1 million books: don't write". *The Huffington Post*, 11 de fevereiro de 2013.

Bostrom, Nick. (2018 [2014]). *Superinteligência* (traduzido por Patrícia Jeremias; Clemente Gentil Penna). Barueri: Dark Side.

Bowman, S. R.; Vilnis, L.; Vinyals, O. *et alia*. 2016. "Generating sentences from a continuous space". *Cornell University Library*: https://arxiv.org/abs/1511.06349.

Branco, Sérgio. (2017). "*Fake news* e os caminhos para fora da bolha". *Interesse Nacional*, São Paulo, n. 38, ano 10, p. 51-61, agosto/outubro.

Brauer, Fae. (2003). "Representing 'Le moteur humain': Chronometry, chronophotography, 'The Art of Work' and the 'Taylored' Body". In: *Visual resources*, vol. 19, n. 2, p. 83-105.

Bredenoord, Annelien L.; Hyun, Insoo. (2017). "Ethics of stem cell-derived gametes made in a dish: fertility for everyone?". *EMBO Molecular Medicine*, vol. 9, n. 4, p. 396-398.

Brewer, C. D.; Degrote, Heather. (2013). "Regulating methylphenidate: Enhancing cognition and social inequality". *The American Journal of Bioethics*, vol. 13, n. 7, p. 47-49.

Brown, Elspeth H. (2008). *The corporate eye: Photography and the rationalization of American commercial culture, 1884-1929*. Baltimore: Johns Hopkins University Press.

Burkett, Brendan; McNamee, Mike; Potthast, Wolfgang. (2011). "Shifting boundaries in sports technology and disability: equal rights or unfair advantage in the case of Oscar Pistorius?". *Disability & Society*, vol. 26, n. 5, p. 643-654.

Caliman, Luciana; Domitrovic, Nathalia. (2013). “Uma análise da dispensa pública do metilfenidato no Brasil: o caso do Espírito Santo”. *Physis: Revista de Saúde Coletiva* (Rio de Janeiro), vol. 23, n. 3, p. 879-902.

Caliskan, Aylin; Bryson, Joanna J.; Narayanan, Arvindn. (2017). “Semantics derived automatically from language corpora contain human-like biases”. *Science*, 14 de abril de 2017, vol. 356, n. 6334, p. 183-186 (doi: 10.1126/science.aal4230).

Callaway, Ewen. (2016). “Embryo-editing research gathers momentum”. *Nature*, vol. 532, 21 de abril de 2016, p. 289-90.

Cambricoli, Fabiana. (2014). “Brasil registra aumento de 775% no consumo de Ritalina em dez anos”. *O Estado de São Paulo*, 11 de agosto. 2014.

Castro, Rosa. (2016). “The next frontier in reproductive tourism? Genetic modification”. *The Conversation*, 17 de novembro de 2016.

Cauterucci, Christina. (2016). “Four New Jersey lesbians sue over preposterous rule that delays their fertility coverage”. *Slate*, 11 de agosto de 2016.

Cavalcanti, C. (1958). “Notas sobre o abuso das anfetaminas. Seus perigos e prevenção”. *Neurobiologia*, vol. 27, p. 85-91.

Charo, Alta. (2019). “Rogues and regulation of germline editing”. *The New England Journal of Medicine*, 7 de março de 2019, vol. 380, n. 10. p, 976-980.

Choi, Charles. (2017). “AI creates fake Obama. Videos of Barack Obama made from existing audio, video of him”. *IEEE Spectrum*, 12 de julho de 2017.

Christian, Brian. (2013). *O Humano mais humano: O que a inteligência artificial nos ensina sobre a vida* (traduzido por L. T. Motta). São Paulo: Companhia das Letras.

Clerwall, Christer. (2014). “Enter the robot journalist”. *Journalism Practice* vol. 8, n. 5, p. 519-531 (doi: 10.1080/17512786.2014.883116).

Cohen, Deborah. (2001). *The war come home: Disabled veterans in Britain and Germany, 1914-1939*. Berkeley: University of California Press.

Cohen, Glenn; Daley, George Q.; Adashi, Eli Y. (2017). “Disruptive reproductive technologies”. *Science Translational Medicine*, vol. 9, n. 372, p. 1-3.

Coli, Ana Clara Mauad; Silva, Marília Pires de Sousa; Nakasu, Maria Vilela Pinto. (2016). “Uso não prescrito de metilfenidato entre estudantes de uma faculdade de medicina do sul de Minas Gerais”. *Revista Ciências em Saúde*, vol. 6, n. 3, 11p.

Connor, Steve. (2017). "First human embryos edited in U.S. Researchers have demonstrated they can efficiently improve the DNA of human embryos". *MIT Technology Review*, 26 de julho de 2017.

Conselho Federal de Medicina. (2017). "Resolução n. 2.168/2017" (publicada no D.O.U. em 10 de novembro de 2017).

Cook, Hera. (2004). *The long sexual revolution. English women, sex, and contraception 1800-1975*. Oxford: Oxford University Press. 2004.

Crockett, M. (2014). "Moral bioenhancement: A neuroscientific perspective". *Journal of Medical Ethics*, vol. 40, n. 6, p. 370-371.

Currey, Mason. (2013). "What do Auden, Sartre, and Ayn Rand have in common? Amphetamines". *Slate*, 22 de abril de 2013.

Cyranoski, David. (2016). "Mouse eggs made from skin cells in a dish. Breakthrough raises call for debate over prospect of artificial human eggs". *Nature*, vol. 538, p. 301, 20 de outubro de 2016.

Cyranoski, David. (2019). "Russian biologist plans more CRISPR-edited babies. The proposal follows a Chinese scientist who claimed to have created twins from edited embryos last year". *Nature*, vol. 570, p. 145-146, 10 de junho de 2019 (doi: 10.1038/d41586-019-01770-x).

Cyranoski, David; Reardon, Sara. (2015). "Embryo editing sparks epic debate. In wake of paper describing genetic modification of human embryos, scientists disagree about ethics." *Nature*, vol. 520, p. 593-595, 29 de abril de 2015 (doi:10.1038/520593a).

Daar, J. *et alia*. (2017). "Transferring embryos with genetic anomalies detected in preimplantation testing: An Ethics Committee Opinion". *Fertility and Sterility*, vol. 107, n, 5, 1130-1135.

Dalcastagnè, Regina. (2012). *Literatura brasileira contemporânea: Um território contestado*. Rio de Janeiro: EdUERJ.

Dall'Agnol, Darlei. (2017). "Princípios bioéticos e melhoramento cognitivo". *Thaumazein* (Santa Maria), vol. 10, n. 19, p. 17-28.

Dando, Malcolm. (2016). "Find the time to discuss new bioweapons". *Nature*, vol. 535, p. 9, 7 de julho de 2016 (doi:10.1038/535009a).

Demchenko, Eugene; Veselov, Vladimir. (2008). "Who fools whom? The great mystification, or methodological issues on making fools of human beings". In: *Parsing the Turing test: Philosophical and methodological issues in the quest for the thinking computer*. Robert Epstein *et alia* (ed.). New York: Springer.

Descartes, René. (1983). *Discours de la méthode*. In: *OEuvres de Descartes*. Adam, Charles; Tannery, Paul (ed.). Paris: Vrin/CNRS, vol. 6.

Devlin, Hannah. (2015). "Could these piglets become Britain's first commercially viable GM animals?". *The Guardian*, 23 de junho de 2015.

Dewey, Marc; Schagen, Udo *et alia*. (2006). "Ernst Ferdinand Sauerbruch and his ambiguous role in the period of National Socialism". *Annals of Surgery*, vol. 244, n. 2, p. 315-321.

Diário Carioca (Jornal, Rio de Janeiro). (1956). "Itamarati estuda medidas contra o Pervitin", 15 de junho de 1956, p. 11. Acessado através da *Hemeroteca Digital da Biblioteca Nacional*.

Dietz, P. *et alia* (2013). "Randomized response estimates for the 12-Month prevalence of cognitive-enhancing drug use in university students". *Pharmacotherapy*, vol. 33, n. 1, 2013, p. 44-50.

Drożdż, S.; Oświęcimka, P.; Kulig, A. *et alia*. (2016). "Quantifying origin and character of long-range correlations in narrative texts". *Information Sciences*, vol. 331, p. 32-44.

Dubljevic, Veljko. (2013). "Prohibition or coffee shops: Regulation of amphetamine and methylphenidate for enhancement use by healthy adults". *The American Journal of Bioethics*, vol. 13, n. 7, 2013, p. 23-33.

Dwoskin, Elizabeth. (2016). "The next hot job in Silicon Valley is for poets". *The Washington Post*, 7 de abril de 2016.

Eickenhorst, Patrick; Vitzthum, Karin; Klapp, Burghard F. (2013). "Neuroenhancement among German university students: Motives, expectations, and relationship with psychoactive lifestyle drugs". *Journal of Psychoactive Drugs*, vol. 44, n. 5, p. 418-427.

Elswit, Kate. (2008). "The some of the parts: Prosthesis and function in Bertolt Brecht, Oskar Schlemmer, and Kurt Jooss". *Modern Drama*, vol. 51, n. 3, p. 389-410.

EMBRAPA. (2018). "Embrapa formaliza acordo para aumentar variabilidade genética via edição de genomas", *EMBRAPA Notícias*, 26 de fevereiro de 2018.

Exame (Revista). (2019). "Japão autoriza desenvolvimento de órgãos humanos em animais. Células troncos humanas, chamadas iPS, são implantadas em embriões de animais modificados", 1 de agosto de 2019.

Extance, Andy. (2018). "How AI technology can tame the scientific literature. As artificially intelligent tools for literature and data exploration evolve, developers seek to automate how hypotheses are generated and validated". *Nature*, vol. 561, p. 273-274 (doi: 10.1038/d41586-018-06617-5).

Fairyington, Stephanie. (2015). "Should same-sex couples receive fertility benefits?". *New York Times*, 2 de novembro de 2015.

Farache, Arthur. (2018) "Aspectos jurídicos do financiamento de litígios na esfera judicial", *Consultor Jurídico (CONJUR)*, 24 de 2018.

Fineman, Mia. (1999). "Ecce homo prostheticus". *New German Critique*, vol. 76, p. 85-114.

Flanigan, Jessica. (2017). *Pharmaceutical freedom: Why patients have a right to self-medicate*. Oxford: Oxford University Press.

Fon Fon [revista]. (1918). "Não há mais aleijados". *Fon Fon* (Rio de Janeiro), vol. 12, n. 51, p. 99-100. Acessado através da *Hemeroteca Digital da Biblioteca Nacional.*

Forzano, Francesca; Borry, Pascal; Cambon-Thomsen, Anne *et alia.* (2010). "Italian appeal court: a genetic predisposition to commit murder?" *European Journal of Human Genetics*, vol. 18 p. 519-521.

Francis Crick Institute. (2016). "HFEA approval for new 'gene editing' techniques". *Francis Crick Institute News*, 1 de fevereiro de 2016.

Fraser, Giles. (2014). "A computer has passed the Turing test for humanity – should we be worried?". *The Guardian*, 13 de junho de 2014.

Freud, Sigmund. (1999). *Das Unbehagen in der Kultur. Gesammelte Werke: Werke aus den Jahren 1925-1931*, vol. 15, p. 419-506.

Gabbatt, Adam (2017). "Woman gives birth to baby that grew from embryo frozen 24 years ago". *The Guardian*, 20 de dezembro de 2017.

Gaughan, Martin Ignatius. (2006). *The prosthetic body in early modernism: Dada's anti-humanist humanism*. In: *Dada culture: Critical texts on the avant-garde*. Jones, Dafydd (ed.). Amsterdam: Rodopi, p. 137-155.

Gibney, Elizabeth. (2016). "What Google's winning Go algorithm will do next. AlphaGo's techniques could have broad uses, but moving beyond games is a challenge". *Nature*, vol. 531, p. 284-285, 15 de março de 2016 (doi:10.1038/531284a).

Goold, Imogen; Maslen, Hannah. (2015). "Responsibility enhancement and the law of negligence". In: *Handbook of Neuroethics*. J. Clausen and N. Levy (ed.). New York e Londres: Springer, p. 1363-1370.

Goold, Imogen; Savulescu, J. (2009). "In favour of freezing eggs for non-medical reasons". *Bioethics*, vol. 23, n. 1, p. 47-58.

Greely, Henry. (2016). *The end of sex and the future of human reproduction*. Cambridge (Mass.): Harvard University Press.

Greely, Henry. (2017). "About that 'first gene-edited human embryos' story... There's less going on here than meets the eye". *Scientific American*, 28 de julho de 2017.

Green, Chris. (2014). "Turing tested: An interview with Eugene Goostman, the first computer programme to pass for human". *Independent*, 13 de junho de 2014.

Greene, Joshua (2018 [2013]). *Tribos morais* (traduzido por Alessandra Bonrruquer). Rio de Janeiro: Record.

Guimarães, Maria. (2016). "Uma ferramenta para editar o DNA". In: *Revista Pesquisa FAPESP*, n. 240, fevereiro, p. 38-41.

Habermas, J. (2004 [2002]). *O futuro da natureza humana: A caminho da eugenia liberal?* (traduzido por K. Janinni). São Paulo: Martins Fontes.

Haidt, Jonathan. (2001). "The emotional dog and its rational tail: A social intuitionist approach to moral judgment". *Psychological Review*, vol. 108, n. 4, p. 814-834.

Hao, Karen. (2019). "AI analyzed 3.3 million scientific abstracts and discovered possible new materials". *MIT Technology Review*, 9 de julho de 2019.

Hao, Karen. (2019). "An AI for generating fake news could also help detect it. Sometimes it takes a bot to know one". *MIT Technology Review*, 12 de março de 2019.

Harrasser, K. (2013). *Körper 2.0: Über die technische Erweiterbarkeit des Menschen*. Bielefeld: Transcript.

Harrasser, Karin. (2009). "Passung durch Rückkopplung. Konzepte der Selbstregulierung in der Prothetik des Ersten Weltkriegs". In: *Informatik 2009. Im Focus: Das Leben*. Fischer, Stefan; Maehle, Erik *et alia* (ed.). Bonn: GI, vol. 154, p. 788-801.

Harrasser, Karin. (2010). "Exzentrische Empfindung. Raoul Hausmann und die Prothetik der Zwischenkriegszeit". In: *Edinburgh German Yearbook 4: Disability in German literature, film, and theater*. Joshua, Eleoma; Schillmeier, Michael (ed.). New York: Rochester (Camden House), p. 57-81.

Harrasser, Karin. (2013). "Sensible Prothesen. Medien der Wiederherstellung von Produktivität". In: *Body Politics*, vol. 1, n. 1, p. 99-117.

Harrasser, Karin. (2013). *Körper 2.0: Über die technische Erweiterbarkeit des Menschen*. Bielefeld: Transcript.

Hausmann, Raoul. (1920). "Prothesenwirtschaft: Gedanken eines Kapp-Offiziers". In: *Die Aktion*, vol. 47/48, p. 669.

Hausmann, Raoul. (1992 [1921]). "Hurra! Hurra! Hurra!". In: *Kritik, Satire, Parodie: Gesammelte Aufsätze zu den Dunkelmännerbriefen, zu Lesage, Lichtenberg, Klassiker-Parodie, Daumier, Herwegh, Kürnberger, Holz, Kraus, Heinrich Mann, Tucholsky, Hausmann, Brecht, Valentin, Schwitters, Hitler-Parodie und Henscheid.* Riha, Karl (ed.). Opladen: Westdeutscher Verlag, p. 169-182.

Heaven, Douglas. (2018). "AI peer reviewers unleashed to ease publishing grind". *Nature*, vol. 563, p. 609-610, 22 de novembro de 2018 (doi: 10.1038/d41586-018-07245-9).

Hendriks, Saskia; Dancet, Eline A.F.; van Pelt, Ans M. M. *et alia*. (2015) "Artificial gametes: a systematic review of biological progress towards clinical application". *Human Reproduction Update*, vol. 21, n. 3, p. 285-296.

Hendriks, Saskia; Dondorp, Wybo; de Wert, Guido *et alia*. (2015) "Potential consequences of clinical application of artificial gametes: a systematic review of stakeholder views". *Human Reproduction Update*, vol. 21, n. 3, p. 297-309.

Hephzibah, Anderson. (2015). "It sounds like a science-fiction fantasy: researchers are using artificial intelligence to produce novels and short stories. But are they any good?" *BBC*, 22 de janeiro de 2015.

Hiltunen, Ari. (2001). *Aristotle in Hollywood: The anatomy of successful storytelling*. Bristol: Intellect.

Hochberg, Leigh; Bacher, Daniel; Jarosiewicz, Beata *et alia*. (2012). "Reach and grasp by people with tetraplegia using a neurally controlled robotic arm". *Nature*, vol. 485, p. 372-5 (doi.org/10.1038/nature11076).

Hodson, Hal. (2014). "Supercomputers make discoveries that scientists can't. No researcher could read all the papers in their field – but machines are making discoveries in their own right by mining the scientific literature". *New Scientist*, 27 de agosto de 2014.

Hoffman, Paul. (1987). "The man who loves only numbers". *The Atlantic Monthly*, vol. 260, n. 5, p. 60-74.

Horn, Eva. (2001). "Prothesen: Der Mensch im Lichte des Maschinenbaus". *Mediale Anatomien. Menschenbilder als Medienprojektionen*. In: Keck, Annette; Pethes, Nicolas (ed.). Bielefeld: Transkript.

Horowitz, Ted. (2018). "What keeps egg-freezing operations from failing? This week, cryogenic storage at two fertility clinics malfunctioned, putting their clients' family planning in jeopardy. Will it happen again?". *Wired*, 13 de março de 2018.

Howells, Chris. (2016). "Can algorithms replace academics?" (entrevista com Philip Parker). *Insead*, 15 de fevereiro de 2016.

Howells, Chris. (2016). "Disrupting even the world of academics. It is only a matter of time before algorithms start to augment a professor's research, taking it into realms previously unimaginable in academia". *The Business Times*, 18 de março de 2016 (https://goo.gl/88nYcz).

Imaz, E. (2017). "Same-sex parenting, assisted reproduction and gender asymmetry: reflecting on the differential effects of legislation on gay and lesbian family formation in Spain". *Reproductive Biomedicine & Society Online*, vol. 4, n. 5-12.

Inhorn, M. C. (2017). "The egg freezing revolution? Gender, technology, and fertility preservation in the twenty-first century". *Emerging Trends in the Social and Behavioral Sciences*, p. 1-14 (doi: 10.1002/9781118900772.etrds0428).

Isayev, Olexandr. (2019). "Text mining facilitates materials discovery. Computer algorithms can be used to analyse text to find semantic relationships between words without human input." *Nature*, vol. 571, p. 42-43, 3 de julho de 2019 (doi: 10.1038/d41586-019-01978-x).

Jockers, Matthew. (2013). *Macroanalysis. Digital methods and literary history*. Champaign (Illinois): University of Illinois Press.

Jockers, Matthew. (2014). *Text analysis with R for students of literature*. Springer: Heidelberg e New York.

Jornal da Globo. (2015). "Polícia Federal está de olho nas compras irregulares de Ritalina. Medicamento que melhora a concentração virou febre entre estudantes", 3 julho de 2015.

Jornal do Dia (Jornal, Rio de Janeiro). (1955). "Vestibular é viver... (sofrendo)", 24 de fevereiro de 1955, p. 3. Acessado através da *Hemeroteca Digital da Biblioteca Nacional*.

Jotterand, Fabrice; Dubljevic, Veljko (ed.). (2016). *Cognitive enhancement: Ethical and policy implications in international perspectives*. Oxford: Oxford University Press.

Kaa, Hille Van Der; Krahmer, Emiel. (2014). "Journalist versus news consumer: The perceived credibility of machine written news". In: *Proceedings of the Computation+Journalism conference*, New York.

Kaempffert, Waldemar; Jungmann, A. M. (1918). "Crippled but undaunted". *Popular Science*, vol. 98, p. 70-73.

Kahneman, Daniel. (2012 [2011]). *Rápido e devagar. Duas formas de pensar* (traduzido por Cássio de Arantes Leite). Rio de Janeiro: Objetiva.

Kanake, Sarah. (2016). "On telling the stories of characters with Down syndrome". *The Conversation*, 21 de abril de 2016.

Kang, Xiangjin; He, Wenyin; Huang, Yuling *et alia* (2016). "Introducing precise genetic modifications into human 3PN embryos by CRISPR/Cas-mediated genome editing". *Journal of Assisted Reproduction and Genetics*, vol. 33, n. 5, p. 581-588 (doi: 10.1007/s10815-016-0710-8).

Karpa, Martin Friedrich. (2005). *Die Geschichte der Armprothese unter besonderer Berücksichtigung der Leistung von Ferdinand Sauerbruch (1875–1951)*. Bochum: Universidade de Bochum, Alemanha (tese de doutorado).

Keyes, Daniel. (2018 [1966]). *Flores para Algernon* (traduzido por Luisa Geisler). São Paulo: Aleph.

Kienitz, Sabine. (2001). "'Fleischgewordenes Elend': Kriegsinvalidität und Körperbilder als Teil einer Erfahrungsgeschichte des Ersten Weltkrieges". In: *Die Erfahrung des Krieges*. Buschmann, Nikolaus; Horst, Carl (ed.). Paderborn: Ferdinand Schöningh.

Knight, Will. (2017). "An algorithm summarizes lengthy text surprisingly well. Training software to accurately sum up information in documents could have great impact in many fields, such as medicine, law, and scientific research". *MIT Technology Review*, 12 de maio de 2017.

Knight, Will. (2019). "An AI that writes convincing prose risks mass-producing fake news. Fed with billions of words, this algorithm creates convincing articles and shows how AI could be used to fool people on a mass scale". *MIT Technology Review*, 14 de fevereiro de 2019.

Kreider, Randy. (2012). "Did sperm bank founder father 600 children?", *ABC NEWS*, 9 de abril de 2012.

Kreps, Sarah; McCain, Miles. (2019). "Not your father's bots. AI is making fake news look real". *Foreign Affairs*, 2 August 2019.

Kupferschmidt, Kai. (2017). "Social media 'bots' tried to influence the U.S. election. Germany may be next". *Science*, 13 de setembro, 2017.

Labuzetta, Jaime. (2013). "Moving beyond methylphenidate and amphetamine: The ethics of a better *smart drug"*. *The American Journal of Bioethics*, vol. 13, n. 17, p. 43-45.

Landhuis, Esther. (2016). "Information overload: How to manage the research-paper deluge? Blogs, colleagues and social media can all help". *Nature*, vol. 535, p. 457-458, 21 de julho de 2016 (doi:10.1038/nj7612-457a).

LawGorithm. (2018). "Parecer da OAB-SP sobre uso de inteligência artificial na advocacia", 8 de abril de 2018.

Le Page, Michael. (2017). "First results of CRISPR gene editing of normal embryos released". *New Scientist*, 9 de março de 2017.

Leavitt, David. (2015 [1976]). *O Homem que sabia demais: Alan Turing e a invenção do computador* (traduzido por Samuel Dirceu). Ribeirão Preto: Novo Conceito.

Ledford, Heidi. (2015). "Where in the world could the first CRISPR baby be born? A look at the legal landscape suggests where human genome editing might be used in research or reproduction". *Nature*, vol. 526, 310-311, 13 de outubro de 2015 (doi:10.1038/526310a).

Ledford, Heidi. (2017). "CRISPR fixes disease gene in viable human embryos. Gene-editing experiment pushes scientific and ethical boundaries". *Nature*, vol. 548, p. 13-14, 3 de agosto de 2017.

Ledford, Heidi. (2019). "CRISPR conundrum: Strict European court ruling leaves food-testing labs without a plan. Scientists struggle to detect the unauthorized sale of gene-edited crops whose altered DNA can mimic natural mutations". *Nature*, vol. 572, p. 15 2019 (doi: 10.1038/d41586-019-02162-x).

Ledford, Heidi. (2019). "Gene-edited animal creators look beyond US market. Tired of regulatory confusion and a lack of funding, some US researchers are taking their gene-edited livestock abroad". *Nature*, vol. 566, p. 433-434 (doi: 10.1038/d41586-019-00600-4).

Lee, Brent. (2014). "'Exclusive Interview' with Eugene Goostman". *Minnesota Connected*, 12 de junho de 2014.

Levy, N.; Douglas, T. *et alia*. (2014). "Are you morally modified? The moral effects of widely used pharmaceuticals". *Philosophy, Psychiatry, & Psychology*, vol. 21, n. 2, p. 111-125.

Lewin, Tamar. (2016). "Sperm banks accused of losing samples and lying about donors". *New York Times*, 21 de julho de 2016.

Lewis, Sara M. (2013). "Man, machine, or mutant: When will athletes abandon the human body?". *Sports Law Journal*, vol. 20, n. 2, p. 717-772.

Liang, P.; Xu, Y; Zhang, X. *et alia*. (2015). "CRISPR/Cas9-mediated gene editing in human tripronuclear zygotes". *Protein & Cell*, vol. 6, n. 5, p. 363-372 (doi:10.1007/s13238-015-0153-5).

Lichtarge, Olivier; Spangler, W. Scott. (2014). "Automated hypothesis generation based on mining scientific literature" [video]. In *VideoLectures.NET*, 7 de outubro de 2014 (http://goo.gl/QM37nd).

Lo, Weei; Campo-Engelstein, Lisa. (2018) "Expanding the clinical definition of infertility to include socially infertile individuals and couples". In: *Reproductive Ethics II.* Campo-Engelstein L.; Burcher P. (ed.). Cham (Suíça): Springer, p. 71-83.

Loewe, Daniel. (2016) "Cognitive enhancement and the leveling of the playing field: The case of Latin America". In: *Cognitive enhancement: Ethical and policy implications in international perspectives*. Jotterand, F.; Dubljevic, V. (ed.). Oxford: Oxford University Press, p. 219-236.

Longman, J. (2007). "An amputee sprinter: Is he disabled or too-abled?". *The New York Times*, 15 de maio de 2007.

Lopes, Reinaldo José. (2008). "Um quinto dos cientistas usa drogas para turbinar seu desempenho, diz pesquisa". *O Globo*, 10 de abril de 2008.

Lovell-Badge, Robin. (2019). "CRISPR babies: a view from the centre of the storm". *The Company of Biologists*, 6 de fevereiro de 2019 (doi:10.1242/dev.175778), p. 1-5.

Lühe, A. (1998). "Talent". In: *Historisches Wörterbuch der Philosophie.* Basileia: Schwabe, vol. 10, p. 886-985.

Ma, Hong *et alia*. (2017). "Correction of a pathogenic gene mutation in human embryos". *Nature*, vol. 548, p. 413-419, 24 de agosto de 2017 (doi.org/10.1038/nature23305).

Madeira, Jody Lynee. (2019). "Holding physicians accountable for fertility fraud". *Indiana Legal Studies Research Paper*, 54p.

Magrani, Eduardo. (2014). *A internet como ferramenta de engajamento político-democrático*. Curitiba: Juruá.

Magrani, Eduardo. (2019). *Entre dados e robôs: Ética e privacidade na era da hiperconectividade*. Porto Alegre: Arquipélago Editorial.

Maier, Larissa J. *et alia*. (2013). "To dope or not to dope: Neuroenhancement with prescription drugs and drugs of abuse among Swiss university students". *Zurich Open Repository and Archive* [Universidade de Zurique], 11p. (doi: 10.1371/journal.pone.0077967).

Marina, S.; Marina, D.; Marina, F. *et alia*. (2010). "Sharing motherhood: biological lesbian co-mothers, a new IVF indication". *Human Reproduction*, vol. 25, n. 4 p. 938-941.

Massuela, Amanda. (2018). "Quem é e sobre o que escreve o autor brasileiro" (entrevista com Regina Dalcastagnè). *Revista Cult*, 5 de fevereiro de 2018.

McEwan, Ian. (2019 [2019]). *Máquinas como eu* (traduzido por Jorio Dauster). São Paulo: Companhia das Letras.

Mcknight, Matthew. (2014). "The Ohio sperm-bank controversy". *The New Yorker*, 14 de outubro de 2014.

McKoy, Connor. (2018). "Recombinetics' animal gene editing could transform the beef industry". *BiotehcNow* (Biotechnology Innovation Organization), 10 de março de 2018.

Mcmurtrie, D. (1918). *Reconstructing the crippled soldier*. New York: Red Cross Institute for Crippled and Disabled Men.

Mehta, Mitul *et alia*. (2000). "Methylphenidate enhances working memory by modulating discrete frontal and parietal lobe regions in the human brain". *The Journal of Neuroscience*, vol. 20, p. 1-6.

Meulen, Ruud Ter; Mohammed, Ahmed, Hall, Wayne (ed.). (2017). *Rethinking cognitive enhancement*. Oxford: Oxford University Press.

Meyer, Karl. (1919). *Die Muskelkräfte Sauerbruch-Operierter und der Kraftverbrauch künstlicher Hände und Arme*. Berlim: Springer.

Michel, Jean-Baptiste; Shen, Yuan Kui; Aiden, Aviva Presser *et alia*. (2011). "Quantitative analysis of culture using millions of digitized books". *Science*, vol. 331, p. 176-182.

Ministério da Ciência, Tecnologia, Inovações e Comunicações. (2018). "CTNBio aprova uso de nova técnica de edição genética que não deixa rastros de DNA exógeno. Organismos não são considerados OGMs por não conterem traços de genes externos.", *Sala de Imprensa*, 8 de junho de 2018.

Miozzo, Julia. (2018). "'Procon particular': A partir de robô, empresa compra causa de consumidor e busca indenização". *InfoMoney*, 27 de abril de 2018.

Miranda, Giuliana. (2015). "Jovens saudáveis usam remédios psiquiátricos para ir melhor em provas". *Folha de São Paulo*, 18 de agosto de 2015.

More, Max; Vita-More Natasha (ed.). (2013). *The transhumanist reader: Classical and contemporary essays on the science, technology, and philosophy of the human future*. Oxford: Wiley-Blackwell.

Müller-Jung, Joachim. (2013). "Jeder fünfte Student nimmt Pillen: Hirndoping boomt an Universitäten". *Frankfurt Allgemeine Zeitung*, 31 de janeiro de 2013.

Myrseth, Helga; Pallesen, Ståle; Torsheim,Torbjørn. (2018). "Prevalence and correlates of stimulant and depressant pharmacological cognitive enhancement among Norwegian students". *Nordic Studies on Alcohol and Drugs*, vol. 35, n. 5, p. 372-387.

Nature Plants (editorial). (2018). "A CRISPR definition of genetic modification. Gene editing techniques have the potential to substantially accelerate plant breeding. Now, officials in the United States and Europe are arguing that it is not genetic modification – and that is a good thing!". *Nature Plants*, vol. 4, p. 33, 3 de maio de 2018 (doi.org/10.1038/s41477-018-0158-1).

Nature. (2017). "Six decades of struggle over the pill". *Nature (Editorial)*, 5 de junho de 2017, vol. 546, p. 185 . (doi:10.1038/546185a).

Neumam, Camila. (2015). "Importação de sêmen estrangeiro aumenta 500% no Brasil em um ano". *UOL Notícias*, 17 de junho.

Neumann, B. (2010). "Being prosthetic in the First World War and Weimar Germany". *Body & Society*, vol. 16, n. 3, p. 93-126.

New York Times. (2015). "Did a human or a computer write this? A shocking amount of what we're reading is created not by humans, but by computer algorithms. Can you tell the difference? Take the quiz", 7 de março de 2015.

Newson, A. J.; Smajdor, A. C. (2005). "Artificial gametes: new paths to parenthood?". *Journal of Medical Ethics*, vol. 31, n. 3, p. 184-186.

Nogueira, Salvador; Garattoni, Bruno. (2011). "A pílula da inteligência". *Revista Superinteressante*, 16 de abril de 2011.

Nicolelis, Miguel. (2011). *Muito além do nosso eu: A nova neu-rociência que une cérebro e máquinas – e como ela pode mu-dar nossas vidas*. São Paulo: Companhia das Letras.

Nolan, Mary. (1994). *Visions of modernity: American business and the modernization of Germany*. New York: Oxford University Press.

Norvig, Peter; Russell, Stuart. (2013). *Inteligência artificial* (traduzido por Regina Célia Simille de Macedo). Rio de Janeiro: Campus. (Originalmente publicado em 2010).

Ōe, Kenzaburō. (2003). *Uma Questão Pessoal* (traduzido por Shintaro Hayashi). São Paulo: Companhia das Letras. (Originalmente publicado em 1964).

Ohler, Norman. (2017 [2017]). *High Hitler. Como o uso de drogas pelo Führer e pelos nazistas ditou o ritmo do Terceiro Reich* (traduzido por Silvia Bittencourt). São Paulo: Crítica.

Oliveira, Nythamar. (2016). "On ritalin, adderall, and cognitive enhancement: Metaethics, bioethics, neuroethics". *Ethic@*, vol. 15, n. 3, 2016, p. 343-368.

Ordem dos Advogados do Brasil (OAB-PR). (2018). "OAB cria coordenação para discutir regulamentação do uso de inteligência artificial", 3 de julho de 2018.

Pääbo, Svante. (2014). *Neanderthal man: In search of lost genomes*. New York: Basic Books.

Palacios-González, César; Harris, John; Testa, Giuseppe. (2014). "Multiplex parenting: IVG and the generations to come". *Journal of Medical Ethics*, vol. 40, p. 756-757.

Panchasi, Roxanne. (2009). *Future tense*: *The culture of anticipation in France between the wars*. New York: Cornell University Press.

Parfit, Derek. (1984). "The non-identity problem". In: *Reasons and Persons*. Oxford: Oxford University Press, p. 351-390.

Parker, Philip. (2007). *Webster's English to Brazilian Portuguese Crossword Puzzles*. Las Vegas: Icon Group International.

Patzel-Mattern, Katja. (2005). "Menschliche Maschinen – Maschinelle Menschen? Die industrielle Gestaltung des Mensch-Maschine-Verhältnisses am Beispiel der Psychotechnik und der Arbeit Georg Schlesingers mit Kriegsversehrten". In: *Würzburger Medizinhistorische Mitteilungen*, vol. 24, p. 378-390.

Perler, Dominik. (1998). *Descartes*. Munique: Beck.

Perry, Heather. (2002). "Re-arming the disabled veteran. Artificially rebuilding state and society in World War One Germany". In: *Artificial parts, practical lives: Modern histories of prosthetics*. Ott, Katherine; Serlin, David; Mihm, Stephen (ed.). New York: New York University Press, p. 75-101.

Persson, Ingmar e Savulescu, Julian. (2012*). Unfit for the future: The need for moral enhancement*. Oxford: Oxford University Press.

Pieri, Elisa; Levitt, Mairi. (2008). "Risky individuals and the politics of genetic research into aggressiveness and violence". *Bioethics*, vol. 22, n. 9, p. 509-518.

Poore, Carol. (2007). *Disability in twentieth-century German culture*. Ann Arbor: University of Michigan Press.

Popper, Karl. (2000 [1963]). *Conjecturas e refutações. O progresso do conhecimento científico* (traduzido por Sérgio Bath). Brasília: UnB.

Possebon, Samuel. (2018). "Contra 'industrialização' do direito: OAB cria coordenação de inteligência artificial". *TI Inside Online*, 29 de junho de 2018.

Prinz, Jesse J. (2006). *Gut reactions: A perceptual theory of emotion*. Oxford: Oxford University Press.

Quinones, Julian; Lajka, Arijeta. (2017). "What kind of society do you want to live in?: Inside the country where Down syndrome is disappearing". *CBS NEWS*, 14 de agosto de 2017.

Rabinbach, Anson. (1992). *The human motor: Energy, fatigue, and the origins of modernity*. Berkeley: University of California Press.

Raine, Adrian. (2015 [2013]). *A anatomia da violência: As raízes biológicas da criminalidade* (tradução de M. R. Ite). Porto Alegre: Artmed.

Reagan, A. J.; Mitchell, L.; Kiley, D. *et. al.* (2016). "The emotional arcs of stories are dominated by six basic shapes". *EPJ Data Science*, vol. 5, n. 31, p. 1-12.

Reardon, Sara. (2015). "New life for pig-to-human transplants. Gene-editing technologies have breathed life into the languishing field of xenotransplantation". *Nature*, vol. 527, 152-154, 10 de novembro de 2015 (doi:10.1038/527152a).

Reardon, Sara. (2016). "Welcome to the Cyborg Olympics. The Cybathlon aims to help disabled people navigate the most difficult course of all: The everyday world". *Nature*, vol. 536, p. 20-22, 4 de agosto de 2016 (doi:10.1038/536020a).

Reilly, Kara. (2011). *Automata and mimesis on the stage of theatre history*. Londres: Palgrave Macmillan.

Remarques, Erich Maria. (1929). *Im Westen nichts Neues*. Edição estabelecida por Schneider, Thomas F. (2004). *Erich Maria Remarques Roman "Im Westen nichts Neues": Text, Edition, Entstehung, Distribution und Rezeption (1928–1930)*. Tübingen: Max Niemeyer.

Repantis, Dimitris *et alia*. (2010). "Modafinil and methylphenidate for neuroenhancement in healthy individuals: A systematic review". *Pharmacological Research*, vol. 62, p. 187-206.

Rewald, Sabine. (1996). "Dix at the Met". In: *The Metropolitan Museum of Art*, vol. 31, p. 219-224.

Rogers, Adam. (2016). "We asked a robot to write an obit for AI pioneer Marvin Ninsky". *Wired*, 26 de janeiro de 2016.

Rossi, Paolo. (1989). *Os filósofos e as máquinas: 1400-1700* (traduzido por Federico Carotti). São Paulo: Companhia das Letras.

Rzepka R.; Araki, K. (2015). "*ELIZA* fifty years later: An automatic therapist using bottom-up and top-down approaches". In: *Machine medical ethics. Intelligent systems, control and automation: Science and engineering*. van Rysewyk, Simon Peter; Pontier, Matthijs (ed.). Springer, vol. 74, p. 257-272.

Sahakian, Barbara; Labuzetta, J. Nicole. (2013). *Bad moves: How decision making goes wrong, and the ethics of smart drugs*. Oxford: Oxford University Press. 2013.

Sahakian, Barbara; Morein-Zamir, Sharon. (2007). "Professor's little helper: The use of cognitive-enhancing drugs by both ill and healthy individuals raises ethical questions that should not be ignored". *Nature*, vol. 450, p. 1157-1159, 20 de dezembro de 2007 (doi 10.1038/4501157a).

Sandel, Michael. (2013 [2007]). *Contra a perfeição: Ética na era da engenharia genética* (traduzido por Ana Carolina Mesquita). Rio de Janeiro: Civilização Brasileira.

Santucci, Vieri G. *et alia.* (2014). "Cumulative learning through intrinsic reinforcements". In: *Evolution, complexity and artificial life*. Cagnoni, Stefano *et alia.* (ed.). New York: Springer, p. 107-122.

Sartre, Jean-Paul. (1975). "Sartre at seventy: An interview". *The New York Review of Books*, 7 de agosto de 1975.

Sauerbruch, F. (2016). *Die willkürlich bewegbare künstliche Hand: Eine Anleitung für Chirurgen und Techniker*. Berlim: Springer.

Sauerbruch, Ferdinand. (1919). "Die plastische Umwandlung der Amputationsstfümpfe für willkürlich bewegbare Ersatzglieder". In: *Ersatzglieder und Arbeitshilfen: Für Kriegsbeschädigte und Unfallverletzte*. Berlim: Springer, 1919, p. 234-252.

Sauerbruch, Ferdinand. (1937) "Die willkürlich bewegbare künstliche Hand" [video, 09:10 min]. In: *Bundesarchiv, Abt. Filmarchiv*. Berlim: Chirurgische Universitäts-Klinik der Charité, Hochschulfilm-Nr. C 183. Disponível em: http://vlp.mpiwg-berlin.mpg.de/library/data/lit38416.

Savulescu, Julian; Goold, Imogen. (2008). "Freezing eggs for lifestyle reasons". *The American Journal of Bioethics*, vol. 8, n. 6, p. 32-35.

Schelle, Kimberly *et alia*. (2015). "A survey of substance use for cognitive enhancement by university students in the Netherlands". *Frontiers in Systems Neuroscience*, vol. 9, 2015, p. 1-10. (doi: 10.3389/fnsys.2015.00010).

Schwartz, A. Brad. (2015). *Broadcast hysteria: Orson Welles's* War of the Worlds *and the art of fake news*. New York: Hill & Wang.

Schwartz, Oscar. (2019). "Could 'fake text' be the next global political threat? An AI fake text generator that can write paragraphs in a style based on just a sentence has raised concerns about its potential to spread false information". *The Guardian*, 4 de julho de 2019.

Shao, Chengcheng; Ciampaglia, Giovanni Luca; Varol, Onur et alia. (2017). "The spread of low-credibility content by social bots". *Cornell University Library*: https://arxiv.org/abs/1707.07592.

Shirakawa, Mayumi; Tejada, Nascimento; Marinho, Franco. (2012). "Questões atuais no uso indiscriminado do metilfenidato". *Omnia Saúde*, vol. 9, n. 1, p. 46-53.

Silveira, Evanildo da. (2017). "Os genes do gado. O conhecimento da genética de bovinos deve auxiliar criadores a selecionar animais da raça nelore com carne mais macia". *Revista Pesquisa FAPESP*, edição 254, abril de 2017.

Simonton, Dean Keith. (2013). "Scientific genius is extinct. – Dean Keith Simonton fears that surprising originality in the natural sciences is a thing of the past, as vast teams finesse knowledge rather than create disciplines." *Nature*, vol. 493, p. 602, 31 de janeiro de 2013.

Sloterdijk, Peter. (1987). "Artificial limbs. Functionalist cynicisms II: On the spirit of technology". In: *Critique of cynical reason*. Minneapolis: University of Minnesota Press, p. 443-459.

Spangler, Scott *et alia*. (2014). "Automated hypothesis generation based on mining scientific literature". *Proceedings of the 20th ACM SIGKDD International Conference on Knowledge Discovery and Data Mining*. New York: ACM, p. 1877-1886 (doi:10.1145/2623330.2623667).

Stein, Rob. (2016). "Breaking taboo, Swedish scientist seeks to edit DNA of healthy human embryos". *NPR (National Public Radio)*, 22 de setembro de 2016.

Steinkamp, Peter. (2006). "Pervitin (metamphetamine) tests, use and misuse in the German Wehrmacht". In: *Man, medicine, and the state: The human body as an object of government sponsored medical research in the 20th century*. W. W. Eckart (ed.). Stuttgart: Franz Steiner, p. 61-72.

Sussman, Anna Louie. (2019). "The case for redefining infertility. Proponents of 'social infertility' ask: What if it's your biography, rather than your body, that prevents you from having a child?". *The New Yorker*, 18 de junho de 2019.

Suter, Sonia M. (2015). "In vitro gametogenesis: just another way to have a baby?". *Journal of Law and the Biosciences*, vol. 17, n. 3, p. 87-119.

Suter, Sonia M. (2018). "The tyranny of choice: Reproductive selection in the future". *Journal of Law and the Biosciences*, vol. 5 n. 2, p. 262-300.

Tajiri, Yoshiki. (2007). *Samuel Beckett and the prosthetic body: The organs and senses in modernism*. Londres: Palgrave.

Tang, L; Zeng, Y; Du, H *et alia*. (2017). "CRISPR/Cas-mediated gene editing in human zygotes using Cas9 protein". *Mol Genet Genomics*, vol. 292, n. 3, p. 525-533 (doi: 10.1007/s00438-017-1299-z).

Teixeira, Matheus. (2018). "OAB cria coordenação de inteligência artificial para regulamentar tema", *Jota*, 5 de julho de 2018.

Terbeck, S.; Kahane, G. *et alia*. (2012). "Propranolol reduces implicit negative racial bias". *Psychopharmacology*, vol. 222, p. 419-424.

Tezza, Cristovão. (2007). *O filho eterno*. Rio de Janeiro: Record.

The Economist. (2014). "Automated hypothesis generation. Computer says 'try this'. A new type of software helps researchers decide what they should be looking for", 4 de outubro de 2014.

The Economist. (2019). "Fert perks. More employers want to help workers make babies. Companies from Apple, Facebook and Tesla to Bain, KKR and Starbucks are offering employees fertility benefits", 8 de agosto de 2019.

The National Academies of Sciences. (2017). *Human genome editing. Science, ethics, and governance*. Washington: The National Academies Press.

The Royal Society. (2012). "Brain waves module 3: Neuroscience, conflict, and security". *The Royal Society*. Londres: Science Policy Centre.

Tierno, Michael. (2002). *Aristotle's* Poetics *for screenwriters: Storytelling secrets from the greatest mind in Western civilization*. New York: Hachette Book.

Tobitt, Charlotte. (2019). "PA's 'robot-written' story service gets first paying subscribers after trial ends". *Press Gazette*, 9 de abril de 2019.

Tribuna da Imprensa (Jornal, Rio de Janeiro). (1956). "O 'slogan' e a pílula para não dormir", 5 de abril de 1956, p. 1 e p. 4. Acessado através da *Hemeroteca Digital da Biblioteca Nacional*.

Tribuna da Imprensa (Jornal, Rio de Janeiro). (1957). "Mocidade pervitínica", 27 de junho de 1957, p. 4. Acessado através da *Hemeroteca Digital da Biblioteca Nacional*.

Tripicchio, Adalberto. (2007). "*Ice*: droga antiga volta mais poderosa". *Rede Psi*, 16 de agosto de 2007.

Tshitoyan, Vahe; Dagdelen, John; Weston, Leigh; Jain, Anubhav *et alia*. (2019). "Unsupervised word embeddings capture latent knowledge from materials science literature". *Nature*, vol. 571, p. 95-98.

Turing, A. M. (1950). "Computing machinery and intelligence". *Mind*, vol. 49, p. 433-460.

Ulanoff, Lance. (2014). "The life and times of 'Eugene Goostman', who passed the Turing Test". *Mashable*, 12 de junho de 2014.

Última Hora (Jornal, Rio de Janeiro). (1955). "Elvira, a 'Miss' de sangue azul", 15 de junho, 1955, p. 7. Acessado através da *Hemeroteca Digital da Biblioteca Nacional*.

Última Hora (Jornal, Rio de Janeiro). (1956). "100 horas sem dormir para fazer o novo Plano-Aumento", 22 de fevereiro de 1956, p. 7. Acessado através da *Hemeroteca Digital da Biblioteca Nacional*.

Última Hora (Jornal, Rio de Janeiro). (1956). "Cuidado com o Pervitin!", 11 de julho de 1956, p. 2. Acessado através da *Hemeroteca Digital da Biblioteca Nacional*.

Última Hora (Jornal, Rio de Janeiro). (1962). "Farmácias serão vasculhadas no combate às 'drogas do sono'", 19 de novembro de 1962, p. 5. Acessado através da *Hemeroteca Digital da Biblioteca Nacional*.

Underwood, Ted; Bamman, David; Lee, Sabrina. (2018). "The transformation of gender in English-language fiction". *Journal of Cultural Analytics* (doi: 10.31235/osf.io/fr9bk).

UNESCO. (2015). "Report of the IBC [International Bioethics Committee] on updating its reflection on the human genome and human rights". Paris: UNESCO, 2 de outubro.

USDA (U.S. DEPARTMENT OF AGRICULTURE). (2018). "Secretary Perdue issues USDA statement on plant breeding innovation". *USDA* (Press Release No. 0070.18). Washington (D.C.), 28 de março de 2018.

Vaccari, Andrés. (2008). "Legitimating the machine: The epistemological foundation of technological metaphor in the natural philosophy of René Descartes". In: *Philosophies of Technology: Francis Bacon and his Contemporaries*. Zittel, Claus *et alia* (ed.). Leiden: Brill. p. 287-336.

Vera, Andres; Soares, Danilo. (2009). "A nova onda de remédios para o cérebro". *Revista Época*, 8 de maio de 2009.

Vieira, Bianka. (2017). "Rebite universitário". *Revista Trip*, 3 de julho de 2017.

Vilaça, Murilo Mariano; Dias, Maria Clara. (2015). "Tratar, sim; melhorar, não? Análise crítica da fronteira terapia/melhoramento". *Revista de Bioética*, vol. 23, n. 2, 2015, p. 267-76.

Voytek, Jessica; Bradley, Voytek. (2012). "Automated cognome construction and semi-automated hypothesis generation". *Journal of Neuroscience Methods*, vol. 208, n. 1, 92-100, (doi:10.1016/j.jneumeth.2012.04.019).

Wainwright, Oliver. (2015). "The Lego prosthetic arm that children can create and hack themselves". *The Guardian*, 22 de julho de 2015.

Weinerfeb, Tim. (1998). "Soviet defector warns of biological weapons". *New York Times*, 25 de fevereiro de 1998.

Weizenbaum, Joseph. (1966). "*ELIZA* – a computer program for the study of natural language communication between man and machine". In: *Communications of the ACM*, vol. 9, n. 1, p. 36-45.

Weizenbaum, Joseph. (1976). *Computer power and human reason: From judgment to calculation*. New York: W. H. Freeman And Company.

Weizenbaum, Joseph. (1992 [1976]). *O poder do computador e a razão humana* (traduzido por M. G. Segurado). Lisboa: Edições 70.

Westfall, Richard S. (1983). *Never at rest: A biography of Isaac Newton*. Cambridge: Cambridge University Press.

Wigley, Mark. (1991). "Prosthetic theory: The disciplining of architecture". *Assemblage*, vol. 15, p. 6-29.

Willyard, Cassandra (2019). "New human gene tally reignites debate. Some fifteen years after the human genome was sequenced, researchers still can't agree on how many genes it contains." *Nature*, 18 de junho de 2018 (doi: 10.1038/d41586-018-05462-w).

Wittgenstein, Ludwig. (1993 [1953]). *Philosophische Untersuchungen*. Frankfurt: Suhrkamp.

Zak, Paul. (2012 [2012]). *A molécula da moralidade: As surpreendentes descobertas sobre a substância que desperta o melhor em nós* (traduzido por Soeli Araujo). Rio de Janeiro: Elsevier.

Zatz, Mayana. (2011). *Genética: Escolhas que nossos avós não faziam*. São Paulo: Globus.

Zweig, S. (1985 [1944]). *Die Welt von Gestern. Erinnerungen eines Europäers*. Frankfurt: Fischer.

www.ingramcontent.com/pod-product-compliance
Lightning Source LLC
Chambersburg PA
CBHW070622220526
45466CB00001B/77
9781694260932